# Laserentfernungsmesser

## Optimal einsetzen und genau messen

Willy Matthews

Copyright © 2019 Willy Matthews

Alle Rechte vorbehalten.

Dieses Werk einschliesslich aller seiner Teile ist urheberrechtlich geschützt. Jede Verwertung ausserhalb der engen Grenzen des Urhebergesetzes ist ohne Zustimmung des Autors unzulässig und strafbar. Das gilt insbesondere für Vervielfältigungen, Übersetzungen, Mikroverfilmung und die Einspeicherung und Verarbeitung in elektronischen Systemen.

ISBN: 9781698147000
Independently published

Matthews GmbH
W. Matthews
Sitzgässli 84G
CH-3664 Burgistein

Gewidmet meiner Familie. Als Dank für eine Quelle unerschöpflicher, wundervoller Inspiration.
Dank gebührt auch meinen Eltern für die Unterstützung und Förderung meiner Interessen.

# Inhalt

1 Wissenswertes über Laserentfernungsmesser ..............13
   1.1 Geschichte ..............13
   1.2 Funktionsweise ..............14
      1.2.1 Laser ..............14
      1.2.2 Funktionsprinzipien der elektronischen Entfernungsmessung ..............16
   1.3 Laserklassen ..............20
   1.4 Sicherheit ..............25
   1.5 IP-Werte entschlüsselt ..............26

2 Fehlerrechnung und Statistik ..............29
   2.1 Fehlerarten ..............29
   2.2 Mittlerer Fehler ..............31
   2.3 Zulässige Abweichungen bei Längenmessungen ..............31

3 Distanzmessung ..............34
   3.1 Maximale Messdistanz ..............34
      3.1.1 Hilfsmittel für den Aussenbereich ..............35
      3.1.2 Zielsucher mit Kamera ..............35
   3.2 Genauigkeit ..............39
      3.2.1 Einflüsse auf das Messergebnis ..............39
      3.2.2 ISO 16331-1 ..............45
      3.2.3 Vergleich mit Massband ..............48
      3.2.4 Vergleich mit Meterstab ..............50
      3.2.5 Vergleich mit Ultraschallentfernungsmesser ..............55

3.2.6　Vergleich mehrerer Laserentfernungsmesser ......59

　　3.3　Kontrolle der Entfernungsmessung ........................62

4　Vertikalwinkel ..................................................................63

　　4.1　Messbereich ................................................................65

　　4.2　Genauigkeit .................................................................65

　　　4.2.1　Angaben der Hersteller ..........................................65

　　　4.2.2　Vergleich mit einer Wasserwaage .......................66

　　4.3　Vertikalwinkel in Sonderfunktionen .........................68

　　4.4　Kontrolle der Neigungsmessung ...............................71

5　Funktionen ......................................................................73

　　5.1　Beschreibung der Funktion .......................................73

　　5.2　Hinweise zur Messgenauigkeit beim Einsatz von Funktionen ...............................................................................82

　　　5.2.1　Berechnung der Höhe über Neigung und Abstand ..........................................................................................82

　　　5.2.2　Höhenberechnung mit Pythagoras ......................84

6　Apps und Schnittstellen .................................................87

　　6.1　Leica DISTO plan App ................................................87

　　6.2　Bosch Measuring Master App ................................ 100

# Abbildungsverzeichnis

Abb 1    Disto D510 nahe an den möglichen 200m dank digitalem Zielsucher.................................................38

Abb 2    Signalstärken und Abweichungen abhängig von der Oberfläche..............................................................41

Abb 3    Einfluss: vollständige Unterbrechung des Messstrahls ....................................................................42

Abb 4    Einfluss: teilweise Unterbrechung des Messstrahls .43

Abb 5    Einfluss: Messungen in inneren und äusseren Ecken sowie Stufenkanten.......................................................44

Abb 6    III auf einem Meterstab als Genauigkeitsklasse ......................................................................50

Abb 7    Punktgenaues Messen mit Hilfe eines Laserstrahls .56

Abb 8    Messen mit einem Ultraschallkegel ...........................57

Abb 9    Einteilung des Kreises in Grad, Gon und Radiant ..64

Abb 10   Einfache Neigungsmessung .........................................68

Abb 11   Zweifache Neigungsmessung......................................70

Abb 12   Zusatzfunktionen via In-App-Kauf oder für Testperiode freischalten...................................................89

Abb 13   Videos erklären alle (Zusatz-)Funktionen................92

Abb 14   Vermasste Tür als JPG Export.....................................94

Abb 15   Grundriss mit Smart Room Funktion der Disto Plan App erstellt ..........................................................96

Abb 16　3D-Ansicht in der App mit Türöffnungen ............96

Abb 17　Aus Disto Plan exportiertes 3D-Modell in Bentley View ........................................................................97

Abb 18　Raum mit schiefen Winkeln: als DWG exportiert nach Bentley View ........................................................98

Abb 19　Bosch GLM 50 C, GLM 100 C sowie Thermodetektor GIS 1000 C Professional ............................................. 100

Abb 20　Mit dem Tablet fotografierte Heizung mit Messpunkten des Thermodetektors GIS 1000 C ............ 106

Abb 21　Mit der Wärmebildkamera GTC 400 C aufgenommene Heizung ........................................................ 106

# Tabellenverzeichnis

Tabelle 1  Laserklassen, Definition, zulässige cw-Leistung und Impulsspitzenleistung................21

Tabelle 2  Zulässige Abweichung in Abhängigkeit von der Distanz bei Messung unter gleichen Bedingungen und gleichem Messgerät ................32

Tabelle 3  Zulässige Abweichung in Abhängigkeit von der Distanz bei Messung zu unterschiedlichen Zeiten und verschiedenen Messgeräten................32

Tabelle 4  Parameter für die Berechnung der Fehlergrenzen je Genauigkeitsklasse................51

Tabelle 5  Toleranzgrenzen für die 3 Genauigkeitsklassen abhängig von der Distanz................52

Tabelle 6  Je 10 Testmessungen mit 4 verschiedenen Entfernungsmessern................61

Tabelle 7  Auswirkungen von Messfehlern bei der Höhenbestimmung über Distanz und Neigung................83

Tabelle 8  Auswirkungen von Messfehlern bei Berechnungen nach Pythagoras................84

# VORWORT

Wäre es nicht prima, wenn es einen Rundum-Ratgeber über Laserentfernungsmesser und ihre Verwendung gäbe? Ein Sachbuch und Nachschlagewerk rund um das Thema Distanzen messen. Für den richtigen Umgang mit dem Entfernungsmesser und seine optimale Nutzung.

Das waren meine ersten Gedanken zu diesem Buch. Hier sei den Lesern meiner Webseite, die verschiedene Laserentfernungsmesser untersucht, gedankt. Ihre Anregungen gingen immer wieder in Richtung eines solchen Buches. Mein Entschluss zu diesem Buch wurde damit weiter bestärkt.

Was erwartet Sie in diesem Buch? Es gibt etliche Kapitel rund um alle Themen zu Distanzmessern. Die Botschaft ist klar: Wer effizient und genau messen will, muss nicht nur ein präzises Instrument wie einen Laserentfernungsmesser einsetzen. Genauso wichtig ist es, über die bestmögliche Anwendung des Messinstruments Bescheid zu wissen und zugleich die Grenzen des Geräts zu kennen.

Mathematische Herleitungen wurden auf das Notwendige beschränkt. Benötigt ein Leser mehr Theorie, dann möge er ein Lehrbuch zur Vermessungskunde zur Hand nehmen.

Nicht oder nur am Rande behandelt dieses Buch Fragen wie «Welchen Laserentfernungsmesser soll ich benutzen?» Weil der Markt für Entfernungsmesser schnelllebig ist, sind solche Tipps besser auf einem Medium wie einer Website aufgehoben, die regelmässig aktualisiert werden kann. In diesem Buch geht es vielmehr um die Anwendung der Entfernungsmesser und das Wissen, was die einzelne Messung beeinflusst.

> **Tipps:**
> Zahlreiche im Text durch einen grauen Hintergrund hervorgehobene Tipps helfen Ihnen, verschiedene Einsatzfelder für Distanzmesser besser in den Griff zu bekommen.

Zum Wohl der Leserschaft künftiger Auflagen sind Hinweise auf Druckfehler oder Verbesserungsvorschläge an buch@laserentfernungsmesser-test.de erwünscht.

Noch ein Hinweis zur Rechtschreibung: Dieses Buch benutzt die Schweizer Schreibweise, das heisst es gibt kein «ß» sondern stets ein «ss».

**Haftungsausschluss**

Trotz grösster Sorgfalt beim Erstellen der Texte, Grafiken, Tabellen und bei den Berechnungen kann es zu Fehlern kommen. Es wird keine Garantie übernommen. Es wird auch keine Haftung für die gemachten Angaben und die Vorgehensweisen übernommen. Also wird der Autor nicht für Schäden haften, die sich durch die unreflektierte Anwendung des hier vorgestellten Wissens ergeben könnten. Das gilt insbesondere für die Aktualität der Angaben, die in etlichen Punkten ständigen Anpassungen unterliegen. Die Ausführungen des Autors stellen seine persönliche Einschätzung dar und sind keine Garantie für die genannten Zahlen und Texte.

# 1 Wissenswertes über Laserentfernungsmesser

## 1.1 Geschichte

Leica Geosystems begann schon früh mit der Herstellung von Distanzmesssystemen, die ohne Reflektor auskamen.

Schon zu Beginn der 80-er Jahre brachte diese Firma mit dem DIOR 3002 einen der ersten reflektorlosen Entfernungsmesser auf den Markt. Der DIOR 3002 nutzte das Impulsmessverfahren und konnte als Aufsatzentfernungsmesser zusammen mit einem elektronischen Theodolit eingesetzt werden.

1993 entwickelte Leica Geosystems mit dem Disto erstmalig ein Distanzmessgerät, das mit einem sichtbaren roten Laser und im Phasenmessverfahren punktgenau Strecken bis 120 Meter messen konnte. Dieser Disto konnte ab 1994 als Aufsatzentfernungsmesser mit einer RS 232-Schnittstelle mit einem elektronischen Theodolit verbunden werden und als ein polares Messsystem für die Architekturvermessung eingesetzt werden.

1998 kam zur Intergeo mit dem TPS 1100 erstmalig eine koaxiales, reflektorlos messendes Tachymeter, das bereits im Folgejahr mit der automatischen Zielerfassung und -verfolgung koaxial in einem Instrument kombiniert wurde.

## 1.2 Funktionsweise

### 1.2.1 Laser

*Strahlungsquelle*

Das Wort Laser entstammt einer Abkürzung „Light Amplification by Stimulated Emission of Radiation", d.h. Lichtverstärkung durch stimulierte Emission der Strahlung.

Ein Laserstrahl wird erzeugt, indem durch eine induzierte oder stimulierte Emission Photonen mit einer einheitlichen Frequenz (monochromatisch) freigesetzt werden. Dabei entsteht eine kohärente Strahlung.

Solche eine stimulierte Emission setzt voraus, dass sich hinreichend viele Elektronen der Atome in einem angehobenen Energieniveau befinden. Auf diesem Niveau können sich Elektronen jedoch nur kurzzeitig befinden. Daher müssen sie durch die Zufuhr von Energie zuerst auf dieses Niveau geführt werden und dort genügend lange festgehalten werden (ca. $10^{-3}$ s). Dieser sogenannte «Pumpprozess» ist hier stark vereinfacht dargestellt.

Wenn in ein Medium, das Atome mit Elektronen im angehobenen Energieniveau enthält, Photonen eingestrahlt werden, so lösen diese weiter Photonen aus und es kommt zu einer Verstärkung der Strahlung.

Wird solch ein Laser-Verstärker zwischen zwei Spiegeln platziert, so führen die Reflexion und das wiederholte Durchlaufen des Verstärkers zu einer Verstärkung des zuerst eingestrahlten Lichts analog zu einem Schneeballsystem.

Wenn einer der beiden Spiegel teildurchlässig ist, kann ein Teil der Strahlung den Verstärker verlassen und tritt als weitgehend paralleles, sehr energiereiches und kohärentes Lichtbündel aus.

Die optische Verstärkung setzt bestimmte Materialien voraus. Kristalle, Gase, Halbleiter und Flüssigkeiten kommen als Laser-Material in Betracht. Je nach Material handelt es sich dann um Festkörper-Laser wie z.b. Rubin-Laser, Halbleiter-Laser wie z.b. Gallium-Arsenid-Laser oder Gas-Laser wie Helium-Neon-Laser.

## Modulation

Im vorherigen Abschnitt wurde der Laserstrahl als Teilchenstrahlung betrachtet. Bei Licht spricht man vom Wellen-Teilchen-Dualismus der Strahlung. Die Teilchen werden bei Licht als Photonen bezeichnet. In diesem Abschnitt wechselt die Betrachtung des Lasers zum Wellenvorgang.

Die Laserstrahlung ist relativ kurzwellig. Die Messsignale sind wesentlich langwelliger und liegen in der Grössenordnung von Dezimeter- bis Kilometerwellen. Solche langwelligen Messsignale werden der kurzwelligen Laserstrahlung durch Modulation aufgeprägt. Die kurzwellige Strahlung wird also als Trägerwelle für die langwelligen Messsignale genutzt.

**Amplitudenmodulation**

Die Trägerwelle ist nur das «Transportmittel» für die langwellige Messwelle. Die Ausbreitungsgeschwindigkeit, die Reichweite und die Bündelungsmöglichkeit hängen nur von der Trägerwelle ab. Obwohl die Messung mit Wellen grosser Wellenlänge durchgeführt wird, werden die vorteilhaften Ausbreitungseigenschaften der kurzwelligen Strahlung genutzt.

**Frequenzmodulation**

Bei der analogen Frequenzmodulation wird der Frequenz der Trägerwelle die Frequenz der Messwelle aufmoduliert.

Es gibt noch weitere Modulationsarten, wie die digitale Amplitudenmodulation bei der eine Amplitudenänderung im Rhythmus einer Bitfolge 0 oder 1 mit einer grösseren oder kleineren aber sonst konstanter Amplitude, so dass es zu einer sprunghaften Änderung der Amplitude führt.

Bei der digitalen Frequenzmodulation ändert sich die Frequenz des Trägersignals entsprechend dem Eingangsbitstrom des Modulationssignals.

Bei der Phasenumtastung bzw. bei der digitalen Phasenmodulation wird statt der Amplitude oder der Frequenz die Phasenlage des Trägersignals dem digitalen Bitstrom angepasst.

## 1.2.2 Funktionsprinzipien der elektronischen Entfernungsmessung

Als Anwender eines Laserentfernungsmessers sind sich nur die wenigsten der komplexen Vorgänge in diesen Messgeräten bewusst. Weil die Bedienung der Geräte sehr einfach ist, wird kein oder kaum spezielles Wissen benötigt, um Messungen vornehmen zu können.

Weil auch bei ausgereiften Geräten zufällige oder systematische Fehler (siehe Kapitel 2.1) auftreten können, lohnt es sich über die Funktionsweise und die Messprinzipien Bescheid zu wissen. Dadurch können sinnvolle Vorkehrungen getroffen werden, um diese Fehler auszuschalten oder sie einzuschränken.

Es geht hier nicht darum die Prinzipien im Detail vorzustellen und eine Vielzahl von Formeln zu präsentieren. Vielmehr soll das grundlegende Prinzip erläutert werden und die Vor- und Nachteile der Verfahren vermittelt werden.

### Impulsmessverfahren

Der Sender sendet nur für sehr kurze Zeit. Der ausgesandte Puls (bzw. das Wellenpaket) dient als Messsignal.

Vorteile:

- Die ausgesendeten energiereichen Impulse sind sehr kurz. Damit sind bei gleicher Sendeleistung deutlich grössere Reichweiten als bei anderen Verfahren wie der Phasenmessung möglich.
- In kurzer Zeit sind eindeutige Distanzmessungen mit hoher Auflösung möglich.
- Durch die energiereichen Impulse können Distanzen ohne Reflektor gemessen werden.
- Einige systematische Fehler, welche die Resultate bei Phasenmessungen beeinflussen können, werden beim Impulsmessverfahren umgangen.

Nachteile:

- Aufgrund der Sicherheitsbestimmungen ist der Energieinhalt eines Impulses nur bis zu einer zugelassenen Grenze steigerbar.
- Die Atmosphäre kann sich auf den Impuls auswirken und führt zu hohem technischem Aufwand

## Entfernungsmessung durch Interferenzen

Die vom Sender dauerhaft abgestrahlte Welle nützt direkt als Messsignal.

Vorteile:

- Das genaueste Längenmessverfahren überhaupt
- Längenmessverfahren mit der höchsten Auflösung

Nachteile:

- Erfordert sehr teure Geräte und sehr hohen Messaufwand
- Mehr als 50m Distanz sind kaum möglich.
- Ein Reflektor muss auf der optischen Achse des Laserstrahls über die gesamte Messstrecke bewegt werden können.

## Entfernungsmessung mit dem Dopplereffekt

Wenn sich Sender und Empfänger relativ zueinander bewegen, kann eine Entfernungsänderung abgeleitet werden.

## Phasenvergleichsverfahren

Ein Sender strahlt kontinuierlich eine Welle ab, der ein periodisches Messsignal aufmoduliert wird.

Vorteile:

- Kurzzeitige Unterbrechungen des Messstrahls wirken sich kaum auf die Messung aus.
- Das Verfahren ist ausgereift und es gibt kompakte und preiswerte Messgeräte

Nachteile:

- Eine eindeutige Distanzmessung mit hoher Genauigkeit ist mit einer einzigen Massstabswellenlänge unmöglich.
- Beim Verfahren treten Fehler auf, die in solcher Form bei anderen Verfahren inexistent sind.
- Es wird im Vergleich mit dem Verfahren der Laufzeitmessung eine aufwendigere Optik benötigt und die Stromversorgung muss leistungsfähiger sein.

## Entfernungsmessung durch Lasertriangulation

Eine Distanz kann aus der Änderung eines Triangulationswinkels bei einer vorgegebenen Basis abgeleitet werden.

Das Verfahren wird vor allem in der Fertigungsmesstechnik im Dezimeter-Bereich verwendet.

Vorteile:

- Hohe Genauigkeit

Nachteile:

- Maximale Distanz von wenigen Dezimetern

## 1.3 Laserklassen

In Laserentfernungsmessern wird Laserstrahlung zur Ermittlung der Distanz verwendet. Darüberhinausgehend haben Laser vielfältige Einsatzgebiete, wie zum Beispiel in der Industrie zum Schneiden auch härtester Materialien. Es ist offensichtlich, dass solche Laser gefährlich sind. Hier stellt sich die Frage, wie gefährlich die Laser in Entfernungsmessern sind.

Laser werden in verschiedenen Klassen eingeteilt, aus denen sich die notwendigen Schutzmassnahmen ableiten lassen. Ohne das nötige Hintergrundwissen besteht die Gefahr, dass man sich im Umgang mit Lasern Verletzungen zufügt. Besonders empfindlich sind die Augen und etwas weniger sensibel ist die Haut.

- **Klasse 1**; im Normalbetrieb harmlos; keine Massnahmen nötig
- **Klasse 1M**; ohne optische Instrumente harmlos; Personen mit optischen Instrumenten warnen
- **Klasse 2**; für einen Augenblick harmlos; nicht absichtlich in den Strahl blicken, nicht auf Gesichter zielen
- **Klasse 2M**; ohne optische Instrumente wie Klasse 2; Personen mit optischen Instrumenten warnen
- **Klasse 3R**; reduziert gefährlich; nur von geschultem Personal betreiben lassen
- **Klasse 3B**; Direktstrahl für Augen gefährlich, Streustrahlung nicht gefährlich; Laserschutzbeauftragten bestimmen, Bereich baulich abgrenzen und Zutritt kontrollieren, Laser am Eingang deklarieren, nur von geschultem Personal betreiben lassen, ev. Laserschutzbrille tragen

# Laserentfernungsmesser – optimal einsetzen und genau messen

- **Klasse 4**; Strahl für Augen und Haut gefährlich, Streubild ev. für Augen gefährlich, Brandgefahr; Massnahmen wie bei Klasse 3B, ev. zusätzlich Schutzausrüstung für Körperteile nötig.

| Laser-klasse | Definition | zulässige cw-Leistung | | zulässige Impuls-spitzenleistung | |
|---|---|---|---|---|---|
| | | sichtbar | infrarot | sichtbar | infrarot |
| 1 | Die zugängliche Laserstrahlung ist ungefährlich. | 0,39 mW | 0,39 mW | 1 W | 10,4 W |
| 1M | Die zugängliche Laserstrahlung ist ungefährlich, solange sich keine optisch sammelnden Instrumente im Strahlengang befinden. | 0,39 mW | 0,39 mW | 1 W | 10,4 W |
| 2 | Die zugängliche Strahlung liegt im sichtbaren Bereich (400-700 nm), Bei kurzzeitiger Einwirkung (0,25 s) ist sie ungefährlich. Es wird davon ausgegangen, dass das Auge bei zufälliger Bestrahlung durch den Lidschlussreflex geschützt ist. | 1 mW | | 1 W | 10,4 W |
| 2M | Die zugängliche Strahlung liegt im sichtbaren Bereich (400-700 nm). Bei kurzzeitiger Einwirkung (0,25 s) ist sie ungefährlich, wenn sich keine optisch sammelnden Instrumente im Strahlengang befinden. Es wird davon ausgegangen, dass das Auge bei zufälliger Bestrahlung durch den Lidschlussreflex geschützt ist. | 1 mW | | 1 W | 10,4 W |
| 3R | Die zugängliche Laserstrahlung ist für das Auge gefährlich. Im sichtbaren Bereich ist die Leistung für einen Dauerstrichlaser auf 5 mW begrenzt. | 5 mW | 2-10 mW | 5 W | 5-25 W |
| 3B | Die zugängliche Laserstrahlung ist für das Auge gefährlich, häufig auch für die Haut. | 0,5 W | 0,5 W | $3 \cdot 10^7$ W | $3 \cdot 10^7$ W - $1,5 \cdot 10^8$ W |
| 4 | Die zugängliche Strahlung ist für Auge und Haut gefährlich. | >0,5 W | >0,5 W | $>3 \cdot 10^7$ W | $>3 \cdot 10^7$ W - $1,5 \cdot 10^8$ W |

*Tabelle 1   Laserklassen, Definition, zulässige cw-Leistung und Impulsspitzenleistung*

Diese Einteilung in die 4 Klassen stammt aus der EN 60825-1 bzw. der IEC 60825-1:2007. Alle üblichen Laserentfernungsmesser sind in die Klasse 2 eingestuft. Damit sind die Laser in den Distanzmessern prinzipiell ungefährlich. Man darf aber nicht absichtlich in den Laserstrahl schauen oder auf Gesichter und damit auch in die Augen von Menschen oder Tieren zielen.

Eine Diplomarbeit an der TU Dresden untersuchte 2005 elf verschieden Vermessungsgeräte, die Laserstrahlung nutzten. Eines der Geräte war ein Disto Laserentfernungsmesser. Untersucht wurde auch, ob die Leistung laut Hersteller eingehalten wird oder ob diese über- oder unterschritten wird. Der Disto lag rund 3% über der genannten Leistung. Ermittelt wurde die Wirkung am Auge, indem die Bestrahlungsstärke auf der Netzhaut und die Grösse des Laserpunktes auf der Netzhaut festgestellt wurde. Dabei ging der Abstand zum Messpunkt in die Untersuchung mit ein, weil der Messpunkt mit zunehmendem Abstand vom Gerät grösser wird und damit die Leistung bezogen auf einen stets gleichen Ausschnitt des Messpunkts geringer.

Die Wirkung von Laserstrahlung auf biologisches Gewebe hängt von mehreren Grössen ab: Wellenlänge, Einwirkungsdauer (Impulsdauer und –wiederholfrequenz), Grösse der bestrahlten Fläche, Bestrahlung bzw. Bestrahlungsstärke und der Absorption im Gewebe (abhängig von den Gewebeeigenschaften).

Der Schaden am Gewebe wird durch Absorption von optischer Strahlung verursacht. Der Effekt ist wellenlängenabhängig, d. h. welches Gewebe wie geschädigt wird, wird durch die Wellenlänge der Strahlung bestimmt. In Abhängigkeit von der Bestrahlungsstärke und der Einwirkungsdauer bzw. der Impulsdauer unterscheiden wir drei Wirkungsmechanismen:

- Photochemische Effekte treten bei Bestrahlung im UV-Bereich und im kurzwelligen sichtbaren Bereich des Lichtes auf. Diese Effekte benötigen Bestrahlungszeiten von einer bis vielen Sekunden. Die Strahlung löst im Gewebe chemische Reaktionen aus, dir zu irreversiblen Veränderungen an Auge und Haut führen können. Zu diesen Wirkungen zählen die Linsentrübung (Grauer Star), die Bildung von Hautkarzinomen (Hautkrebs) und die Horn- und Bindehautentzündung beim Auge.

- Nichtlineare Wirkungen: Bei sehr kurzen Impulsen ist die Wärmeableitung äusserst gering. Dies betrifft Laser mit kurzen Impulsen (10 ps-1 ms) und hohen Bestrahlungsstärken (ca. $10^6$-$10^{13}$ W/cm2).
Die Energie wird in sehr kurzer Zeit dem Gewebe zugeführt. Die dadurch verursachte Wärme kann in kurzer Zeit nicht in das umliegende Gewebe abgeführt werden. Dadurch steigt die Temperatur im bestrahlten Gewebe schnell stark an. Dieser Effekt kann dazu führen, dass flüssige Zellbestandteile in Gas umgewandelt werden. Die Phasenübergänge geschehen dabei so schnell, dass sie explosiv verlaufen können, weil die Zellen zerreissen und zerstört werden. Es können sogar Gewebeteile beschädigt werden, die keiner Strahlung ausgesetzt wurden.

- Thermische Wirkungen sind stärker als die photochemischen Effekte. Sie brauchen höhere Bestrahlungsstärken im Bereich von 10-$10^6$ W/cm2. Diese Wirkungen kommen bei Dauerstrich- und auch bei Impulslasern vor. Die Strahlungsenergie wird vom Gewebe absorbiert und führt dort zu Temperaturerhöhungen.
Je nach dem Betrag des Temperaturanstiegs beginnen unterschiedliche Wärmewirkungen. Temperaturanstiege um bis zu 3 °C verursachen keine irreversiblen Schäden. Im Temperaturbereich von 40-45 °C, was einem Temperaturanstieg von 4 bis 9 °C entspricht, setzen Prozesse wie die Eiweissdenaturierung ein. Diese kann bei längerer Einwirkung dauerhafte Schäden verursachen. Je höher die Temperaturzunahme ist, reichen immer kürzere Bestrahlungszeiten aus, um irreversible Schäden hervorzurufen. Bei den thermischen Schäden ist zu beachten, dass sie von der Grösse der bestrahlten

Fläche abhängen. Im Falle des Auges ist das die Bildgrösse des Strahls auf der Netzhaut. Der erwärmte Bereich wird durch die Ableitung der Wärme in das umliegende Gewebe vergrössert. Wenn die thermischen Toleranzgrenzen überschritten werden, können auf diese indirekte Weise auch ausserhalb der bestrahlten Fläche Schäden verursacht werden.

Aufgrund der ermittelten Wellenlängen und Bestrahlungsstärken kommen für die untersuchten Laser nur thermische Schädigungsmechanismen in Frage. Zur Abschätzung dieser thermischen Wirkung wurde die Temperaturerhöhung in der Netzhaut nach gängigen Temperaturmodellen ermittelt. Diese Temperaturerhöhungen wurden für die Bewertung der von den Laserdistanzmessern ausgehenden Gefährdung für das menschliche Auge benutzt.

Im Messmodus ohne den Einsatz von Reflektoren kommen rote Laser der Klassen 2 und 3R zum Einsatz. Diese Laser sind für das Auge vor allem im Nahbereich gefährlich. Laser der Klasse 2 verursachen im Bereich bis 2 m schon in 0,25 s eine Temperaturerhöhung bis 2°C. Bei 25 m Abstand liegen alle ermittelten Temperaturanstiege unter 1°C. Laser der Klasse 2 erzeugen also nur im Nahbereich vorübergehende Augenschäden.

Grundsätzlich sollte der Blick in den Strahl bei allen Lasern vermieden werden, weil vor allem bei Lasern der Klasse 2 mit dauerhaften Augenschäden zu rechnen ist.

Es gibt im Bereich Vermessung auf dem Bau noch andere Anwendungsfälle für Laser. Hier sei an Rotationslaser oder Kreuzlinienlaser erinnert, die seit einigen Jahren immer beliebter werden, weil sie Vermessungsaufgaben wie das gleichmässige Abhängen einer Decke extrem erleichtern. Bei solchen Geräten kommen zum Teil auch stärkere Laser aus anderen Klassen oder solche mit grünem Laser zum Einsatz. Hier droht die Gefahr von bleibenden Schäden am Auge.

Auf jeden Fall lohnt es sich, bevor man den Laser nutzt, sich mit den Hinweisen und Empfehlungen zur Sicherheit zu beschäftigen.

## 1.4 Sicherheit

Lesen Sie grundsätzlich die Bedienungsanleitung und die Sicherheitshinweise Ihres spezifischen Entfernungsmessers. Die folgenden Sicherheitshinweise ersetzen nicht diejenigen Ihres Gerätes, sondern dienen lediglich als Hinweis und Einführung in die Fragestellung.

> Tipps:
> 1. Benutzen Sie das Gerät so, wie es in der Bedienungsanleitung vorgesehen ist. Andere Arbeitsweisen können zu einer gefährlicher Strahlenexposition führen.
> 2. Zielen Sie mit dem Laserstrahl nicht auf Menschen oder Tiere. Schauen Sie nicht selbst in den Strahl. Laserstrahlung der Laserklasse 2 gemäss IEC 60825-1 kann Personen blenden.
> 3. Belassen Sie Aufkleber mit Warnhinweisen auf dem Gerät oder ersetzen Sie diese mit den Hinweisen in der vom Anwender benötigten Sprache.
> 4. Halten Sie Kinder von den Laserentfernungsmessern fern. Sie könnten unbeabsichtigt andere blenden.
> 5. Benutzen Sie eine Lasersichtbrille nur um den Laserstrahl besser sehen zu können. Sie wirkt nicht als Schutzbrille vor Laserstrahlen.

6. Verwenden Sie eine Lasersichtbrille nicht im Strassenverkehr oder als Sonnenbrille.
7. Setzen Sie das Gerät nicht in einer explosionsgefährdeten Umgebung, an Orten mit brennbaren Gasen, Flüssigkeiten oder Stäuben ein. Im Gerät entstehen möglicherweise Funken, die zu Entzündungen von Gasen oder Stäuben führen können.
8. Lassen Sie Reparaturen am Werkzeug nur von Fachpersonal und mit Originalersatzteilen ausführen.

## 1.5 IP-Werte entschlüsselt

Für viele technische Geräte legen die Hersteller fest, welche Standards für die Staub- und Wasserbeständigkeit erreicht werden sollen. Der für diesen Zweck gebräuchlichste Standard ist die IP-Norm. Wenn man die IP-Angaben entschlüsseln kann, lässt sich daraus ableiten, wie gut der Entfernungsmesser harten Bedingungen gewachsen ist. Kann der Distanzmesser unter dem Wasserhahn gereinigt werden? Schadet ihm Regen? Kann das Lasermessgerät in einer Umgebung mit starker Staubentwicklung beschädigt werden, weil beispielsweise Staub ins Gehäuse eindringen kann?

Der IP-Standard gibt das Ausmass des Schutzes gegen Staub und Wasser an. „IP" steht für „Ingress Protection" beziehungsweise „International Protection" und ist ein Standard des Europäischen Komitees für Normung. Mit diesem Standard können die Hersteller der Distanzmesser deren Eignung für widrige, äussere Bedingungen mit Staub- und Wasserexposition transparent darstellen. Durch diese Einstufung ist es einfach, mit einem

Blick auf den Wert des IP-Standards festzustellen, ob ein Entfernungsmesser unter bestimmten Umgebungsbedingungen eingesetzt werden kann.

Die Widerstandsklasse des Geräts zeigt sich in den beiden Zahlen der zugehörigen IP-Kennung (z.B. IP66). Je höher die Zahl desto höher ist das Schutzniveau. Die erste Zahl (0-6) bestimmt das Niveau des Schutzes gegen Eindringen von Fremdkörpern in das Gehäuse. Die zweite Ziffer (0-9) beinhaltet die Wasserdichtigkeit des Gehäuses. Selten kommt es auch vor, dass eine der Zahlen durch den Buchstaben „X" ersetzt wird.

Das „X" bedeutet, dass das Gerät über keinen Schutz gegen Fremdkörper (z. B. IPX6) verfügt. Sehr selten wird als Ergänzung der normalen IP eine dritte Stelle (0-10) angegeben, die ein Mass für den Aufprallschutz darstellt.

Jeder Hersteller von Messtechnik ist bemüht, die IP-Standards seiner Hardware zu erhöhen. In dieser Hinsicht sind die Laserentfernungsmesser interessant, die den IP65-Standard erreichen, denn sie bieten einen hohen Widerstand gegen Staub, Wasser und oft auch gegen Stösse. Solche Modelle können an Orten eingesetzt werden, die zuvor für Laserentfernungsmesser unzugänglich waren, wie z. B. im Regen, Bergwerk, Wasser- oder Abwasserkanälen. Auch für den harten Einsatz auf Baustellen, wo Staub und Regen fast unumgänglich sind oder ein Gerät mal aus der Tasche fällt, empfehlen sich Geräte mit hohen IP-Werten. Nach einem Sturz sollte die Kalibrierung des Laserentfernungsmessern überprüft werden (siehe Kapitel 3.3).

Es gibt noch andere spezifische Standards für die Widerstandsfähigkeit von Geräten. Unternehmen aus den USA verwenden häufig die Standards des US-Militärs. Das US-Verteidigungsministerium hat mit den so genannten MIL-STD-810-Standards eine Reihe von technischen Richtlinien zum Testen von elektronischen Geräten (militärische und zivile) in Bezug auf ihre Resistenz gegenüber verschiedenen Umweltbedingungen geschaffen.

> Tipps:
> Was sollten Sie in Sachen Widerstandsfähigkeit mitnehmen?
>
> 1. Berücksichtigen Sie die Umgebung, in der Sie arbeiten werden, schon bei der Auswahl der Messinstrumente
> 2. Zu geringe IP-Werte können zu Materialschäden durch Staub oder Wasser führen
> 3. Es kann sich lohnen, zusätzlichen Schutz als Reserve zu kaufen. Denn wer weiss schon, ob er nicht schon morgen im Regen messen muss
> 4. Leider ist ein hoher IP-Standard nicht gratis. Resistenz gegen Staub, Wasser und Stürze beeinflusst den Preis eines Laserentfernungsmessers erheblich. Für ein robustes Messgerät muss man im Vergleich zu gewöhnlichen Geräten mehr ausgeben. Falls der Entfernungsmesser aus der Hosentasche fällt und das konventionelle Gerät dann beschädigt wird, hätte sich die Zusatzinvestition in einen robusteren Distanzmesser jedoch gelohnt.

# 2 Fehlerrechnung und Statistik

Jeder Messung haften Fehler an. Fehlerfreie Messungen gibt es nicht. Die Fehler können abhängig von ihrer Entstehung in unterschiedliche Gruppen eingeteilt werden.

In der Vermessung wird der Begriff «Verbesserung» (Korrektur) benutzt, wenn auch oft der Ausdruck Fehler gebraucht wird. Das Vorzeichen gilt deshalb für die Verbesserung.

Verbesserung = Sollwert – gemessener Wert
      bzw.
Verbesserung = Sollwert – Istwert

## 2.1 Fehlerarten

Es können drei Fehlergruppen unterschieden werden:

**Grobe Fehler**

Grobe Fehler entstehen durch schuldhaftes Verhalten. Es handelt sich um Fehler im wahrsten Sinn des Wortes. Sorgfältiges Arbeiten hilft sie zu vermeiden und sie mit Kontrollmessungen aufzudecken. Ein grober Fehler übersteigt die erwartete Genauigkeit um ein Mehrfaches.

Grundsatz in der Vermessung: Jedes Mass, welches nicht kontrolliert ist, muss als falsch betrachtet werden, denn eine Messung ist keine Messung.

## Systematische Fehler

Durch unsachgemässes Messen (z.B. Ausweichen aus der Messlinie) und durch schlecht justierte Messmittel (z.B. bei Laufzeitfehlern bei der elektronischen Distanzmessung oder bei schlecht geflickten Messbändern) werden systematische Fehler verursacht. Solche Fehler wirken einseitig und haben ein positives oder ein negatives Vorzeichen. Systematische Fehler werden auch als regelmässige Fehler bezeichnet.

Um sie zu vermeiden ist auf die sorgfältige Justierung der Messmittel, eine geeignete Messanordnung und die Berücksichtigung der Umwelteinflüsse wie Temperatur oder Refraktion zu achten.

Systematische Fehler können die Messergebnisse stark beeinflussen, weil sie zu einer Massstabsverzerrung führen.

## Zufällige Fehler

Es gibt Restungenauigkeiten, die sich nicht vermeiden lassen und die jeder Messung anhaften. Ursachen für solche sind

- Geräte, welche nicht beliebig genau sind,
- unsere Sinne, die nicht perfekt sind,
- schwankende Umwelteinflüsse.

Werden bei Messungen die groben und systematischen Fehler eliminiert, so bleiben die zufälligen Fehler übrig.

## 2.2 Mittlerer Fehler

Hier gilt es verschiedene Fälle zu unterscheiden: Wenn wir den Sollwert einer Messung kennen, wie es bei der Summe der Winkel im Dreieck der Fall ist, können wir den wahren Fehler berechnen.

Bei sehr vielen Messungen ist der Sollwert nicht bekannt, z.B. bei Längenmessungen. Dann muss man sich mit dem wahrscheinlichsten Wert begnügen, der jedoch nicht fehlerfrei ist. Dieser wahrscheinlichste Wert und der wahrscheinliche Fehler lassen sich berechnen. Voraussetzung dazu ist, dass mehr als eine Messung für die gleiche Grösse vorliegt.

In der Regel geht man davon aus, dass die Fehler "normalverteilt" sind. Diese Verteilung geht auf den Mathematiker Gauss (1777 - 1855) zurück, der für das statistische Verhalten der zufälligen Fehler diese Gesetzmässigkeiten postulierte:

- kleine Fehler kommen häufiger vor als grosse
- positive und negative Fehler sind gleich häufig

Diese Annahmen und die Normalverteilung gelten aber nur bei unendlich vielen Messungen und wenn diese nicht durch grobe oder systematische Fehler verzerrt werden.

## 2.3 Zulässige Abweichungen bei Längenmessungen

Volker Matthews fasst in "Vermessungskunde 1: Lage-, Höhen- und Winkelmessungen" die Abweichungen und ihre Ursachen zusammen. Die genannten Abweichungen entsprechen den hier in Kapitel 2.1 beschriebenen Fehlerarten.

Für das amtliche Vermessungswesen in Deutschland sind zulässige Abweichungen festgelegt, die sich je nach Bundesland unterscheiden können, die aber generell nicht überschritten werden sollen.

Dann gibt er eine Formel für die Berechnung der zulässigen Abweichungen bei Längenmessungen an, wobei s der Streckenlänge in Metern entspricht.

$$D_s = 0.006\sqrt{s} + 0.02$$

Diese grösste zulässige Abweichung gilt für zwei Längen, die unmittelbar nacheinander mit dem gleichen Messgerät ermittelt wurden.

Die folgende Tabelle zeigt Werte, die mit der obigen Formel berechnet wurden:

| s [m]   | 10   | 20   | 40   | 80   | 100  | 200  | 300  |
|---------|------|------|------|------|------|------|------|
| $D_s$ [m] | 0.04 | 0.05 | 0.06 | 0.07 | 0.08 | 0.10 | 0.12 |

*Tabelle 2  Zulässige Abweichung in Abhängigkeit von der Distanz bei Messung unter gleichen Bedingungen und gleichem Messgerät*

Es gibt auch eine Formel für die grösste zulässige Abweichung, wenn dieselbe Strecke zu unterschiedlichen Zeiten und mit verschiedenen Messgeräten gemessen wurde:

$$D = 0.008\sqrt{s} + 0.0003 * s + 0.05$$

Hier ergeben sich die folgenden Werte:

| s [m]   | 10   | 20   | 40   | 80   | 100  | 200  | 300  |
|---------|------|------|------|------|------|------|------|
| D [m]   | 0.08 | 0.09 | 0.11 | 0.15 | 0.16 | 0.22 | 0.28 |

*Tabelle 3  Zulässige Abweichung in Abhängigkeit von der Distanz bei Messung zu unterschiedlichen Zeiten und verschiedenen Messgeräten*

Diese zulässigen Abweichungen stellen Grenzwerte dar, die der dreifachen zu erwartenden Standardabweichung entsprechen. Eine Messung kann also als hinreichend genau bezeichnet werden, wenn der Unterschied beider Messungen die Hälfte der Werte in der obigen Tabelle nicht überschreitet.

Für Ingenieur-Vermessungen werden oft höhere Anforderungen an die zulässigen Abweichungen gestellt.

# 3 Distanzmessung

## 3.1 Maximale Messdistanz

Der Messbereich hängt stark von den Lichtverhältnissen und den Reflexionseigenschaften der Zielfläche ab. Verwenden Sie zur besseren Sichtbarkeit des Laserstrahls bei starkem Fremdlicht die integrierte Kamera (sofern vorhanden), eine Laser-Sichtbrille und eine Laser-Zieltafel. Falls möglich hilft es auch, wenn Sie die Zielfläche abschatten.

Bosch macht die folgenden Angaben bei dem zuletzt auf den Markt gekommenen Topmodell: Bei ungünstigen Bedingungen reduziert sich der maximale Messbereich auf 50% des maximalen Wertes bei günstigen Bedingungen.

Die günstigen Bedingungen beschreibt Bosch so: Bei Messung ab Vorderkante des Messwerkzeugs, gilt für hohes Reflexionsvermögen des Ziels (z. B. eine weiss gestrichene Wand), schwache Hintergrundbeleuchtung und 25° C Betriebstemperatur. Zusätzlich ist mit einer Abweichung von ± 0,05 mm/m zu rechnen.

Die ungünstigen Bedingungen bedeuten laut Bosch: Bei Messung ab Vorderkante des Messwerkzeugs, gilt für hohes Reflexionsvermögen des Ziels (z. B. eine weiss gestrichene Wand) und starke Hintergrundbeleuchtung. Zusätzlich ist mit einer Abweichung von ± 0,15 mm/m zu rechnen.

### 3.1.1 Hilfsmittel für den Aussenbereich

Mit einer Lasersichtbrille kann man die Sichtbarkeit des Laserpunktes etwas verbessern und so die mögliche Distanz nicht des Messgeräts, sondern des Benutzers etwas steigern. Bei hellen Bedingungen vor allem im Freien schaffen Sie so vielleicht auf eine etwas grössere Distanz den roten Zielpunkt zu sehen.

### 3.1.2 Zielsucher mit Kamera

Wie weit kann man mit einem Laser-Entfernungsmesser messen?

Bei den Modellen von Bosch steckt die maximal messbare Distanz in der Modellbezeichnung. Das heisst der PLR 15 schafft 15 Meter und der GLM 120 C reicht bis zu 120 Meter weit.

Den PLR 15 konnten wir in unserem Test sogar bis 15,99 m einsetzen, bei einer noch längeren Distanz wurde ihm vermutlich von der Software Einhalt geboten.

Die maximal messbare Distanz spielt in der Praxis aber eine untergeordnete Rolle, weil sie nur unter optimalen Bedingungen erreicht wird. Tatsächlich gibt es Fälle, in denen man schon mit einer viel kleineren möglichen Messdistanz zufrieden sein muss. Wenn man im Freien messen muss und dazu noch die Sonne scheint, ist der Laserpunkt häufig nur sehr schwer zu erkennen. Dann spielt die maximal mögliche Distanz des Entfernungsmessers kaum mehr eine Rolle, sondern nur noch die Bedingungen vor Ort.

## Entfernungsmesser, die auch bei langen Distanzen und Sonnenschein funktionieren

Wenn man häufig unter ungünstigen, das heisst sehr hellen Bedingungen messen muss, lohnt es sich einen Blick auf die LEICA Disto Distanzmesser zu werfen. Die Disto X4, D410, D510, D810 sowie S910 verfügen über einen Zielsucher mit 4-fach Zoom. Bei Bosch hat der GLM 120 C eine integrierte Kamera mit Zielsucher. Diese Kamera ist auf den Zielbereich des Lasers gerichtet und weist ein Fadenkreuz auf, welches das anvisierte Ziel auch dann zeigt, wenn der Laser gar nicht aktiviert wurde.

Bei geringen Distanzen, d.h. bei Messungen im Nahbereich, stimmen Fadenkreuz der Kamera und Laserpunkt nicht exakt überein. Dieser Parallaxenfehler tritt auf, weil die Kamera und der Laser mit einem kleinen Abstand nebeneinander eingebaut sind. Bei geringen Distanzen kann auf die Kamerafunktion häufig verzichtet werden, so dass der Fehler kaum relevant ist.

Dank der Kamera mit Zielsucher kann man auch bei ungünstigen Lichtbedingungen mit hoher Genauigkeit messen. Dieser grosse Vorteil zeigt sich vor allem dann, wenn im Aussenbereich bei Sonnenschein gemessen werden soll. Auch dann, wenn man mit blossem Auge den Laserzielpunkt nicht sehen kann, lässt sich das Ziel und oft auch der Laserpunkt klar im Fadenkreuz des Displays erkennen.

Im Display sieht man unter fast allen Bedingungen den Zielpunkt des aktivierten Lasers. Schon ab einer recht kleinen Entfernung sitzt der Punkt genau in der Mitte des Fadenkreuzes. Selbst dann, wenn man wegen besonders heller Sonneneinstrahlung den Punkt nicht sehen sollte, hilft es sehr, dass man weiss, dass der Bereich im Fadenkreuz anvisiert wird. Selbst dann können Messungen erfolgreich sein. Ohne die Hilfe des digitalen Zielsuchers wäre es völlig unmöglich mit einem Laserentfernungsmesser die Distanz zu solch einem sonnenbeschienenen Punkt zu messen, wenn es sich um eine grössere Entfernung als ca. 10 m handelt. Das Problem des nicht sichtbaren Laserzielpunkts wurde hier sehr praxistauglich gelöst.

Diese optischen Zielsucher haben eine Zoom-Funktion, mit der das Bild in mehreren Schritten vergrössert werden kann. Daneben kann auch die Helligkeit des Bildes eingestellt werden, so dass der Zielsucher für fast alle Bedingungen gerüstet ist.

Gegen einen optischen Zielsucher am Entfernungsmesser könnten die folgenden Argumente sprechen:

- Den Zielsucher brauche ich nicht, weil ich in der Dämmerung im Freien messe.
- Einen digitalen Zielsucher benötige ich nicht, denn mein Gerät verfügt über Kimme und Korn zum Anvisieren eines Ziels.

Wer einen Laserentfernungsmesser beruflich einsetzt, wird kaum warten können, bis Dämmerlicht herrscht. Die Wartezeit auf einer Baustelle bezahlt ja kein Kunde. Und im Hochsommer sind die Phasen mit Dämmerlicht am Morgen und Abend nicht in der üblichen Arbeitszeit. Also funktioniert der Dämmerlichtansatz im Berufseinsatz nur sehr selten.

Der Vergleich von Kimme und Korn mit dem digitalen Zielsucher bringt nichts. Beide Zielhilfsmittel sind so unterschiedlich in Bezug auf die Genauigkeit, dass ein Vergleich nichts bringt. Kimme und Korn sind besser als nichts; sehr vertrauenserweckend ist diese Methode aber nicht, wenn ich den Laserpunkt aufgrund der grossen Distanz nicht mehr sehen kann.

## Für lange Entfernungen ideal: Modelle mit Digitalem Zielsucher

*Abbildung 1    Disto D510 nahe an den möglichen 200m dank digitalem Zielsucher*

Für lange Entfernungen und bei ungünstigen äusseren Bedingungen wie hellen Sonnenschein und wenig reflektierende Zieloberflächen) kann man den Disto D510 auf den Long Range

(LR) Modus umstellen. Ist der Entfernungsmesser im LR Modus, werden im Display die Buchstaben "LR" angezeigt. Erhält man bei Messungen im normalen Modus Fehlermeldungen, dass zu wenig Signal zurückkommt, dann empfiehlt sich der Long Range Modus, in dem die Messzeit auf maximal 7 Sekunden verlängert wird. Es ist naheliegend, dass Sie im LR Modus ein Stativ benutzen sollten.

> Tipp:
> Wer öfters draussen und bei Sonnenschein Entfernungen messen möchte, sollte auf jeden Fall die Geräte mit digitalem Zielsucher und Zoom bevorzugen. Diese Funktion ist unter solchen besonders hellen Bedingungen Gold wert.

In der Berufspraxis des Autors heisst das: Bei Sonnenschein und Aussenaufnahmen greift er immer zum Leica Disto D510 oder zum Bosch GLM 120 C und lässt die anderen Entfernungsmesser im Regal.

## 3.2 Genauigkeit

### 3.2.1 Einflüsse auf das Messergebnis

Oberfläche des anvisierten Ziels

Aufgrund physikalischer Effekte kann nicht ausgeschlossen werden, dass es beim Messen auf verschiedenen Oberflächen zu Fehlmessungen kommt. Dazu zählen:

- transparente Oberflächen (z. B. Glas, Wasser),

- spiegelnde Oberflächen (z. B. poliertes Metall, Glas),

- poröse Oberflächen (z. B. Dämmmaterialien)

- strukturierte Oberflächen (z. B. Rauputz, Naturstein).

Verwenden Sie gegebenenfalls auf diesen Oberflächen eine Laser-Zieltafel.

Die Oberfläche des anvisierten Ziels wirkt sich auf die Messung aus, weil der Laserstrahl genau betrachtet nicht punktförmig auftrifft, sondern einen Durchmesser hat, der mit zunehmendem Abstand vom Entfernungsmesser zunimmt. Damit beeinflussen die Oberflächenbeschaffenheit (Diffusion) und -farbe (Absorption) das Messergebnis. Dunklere Flächen absorbieren das eingestrahlte Licht, während helle Oberflächen einen grösseren Anteil des Lichts reflektieren. Besonders hohe (bis 99%) Reflektionswerte haben glatte Oberflächen. Wenn die Oberfläche nicht senkrecht vom Strahl getroffen wird, wird das Signal einfach «wegreflektiert». Für Entfernungsmessungen reicht im Allgemeinen eine Signalstärke von 1% aus.

Das folgende Diagramm zeigt abhängig von der Oberfläche, welche Signalstärken gemessen wurden und welche Abweichung von der Sollstrecke entstand.

# Laserentfernungsmesser – optimal einsetzen und genau messen

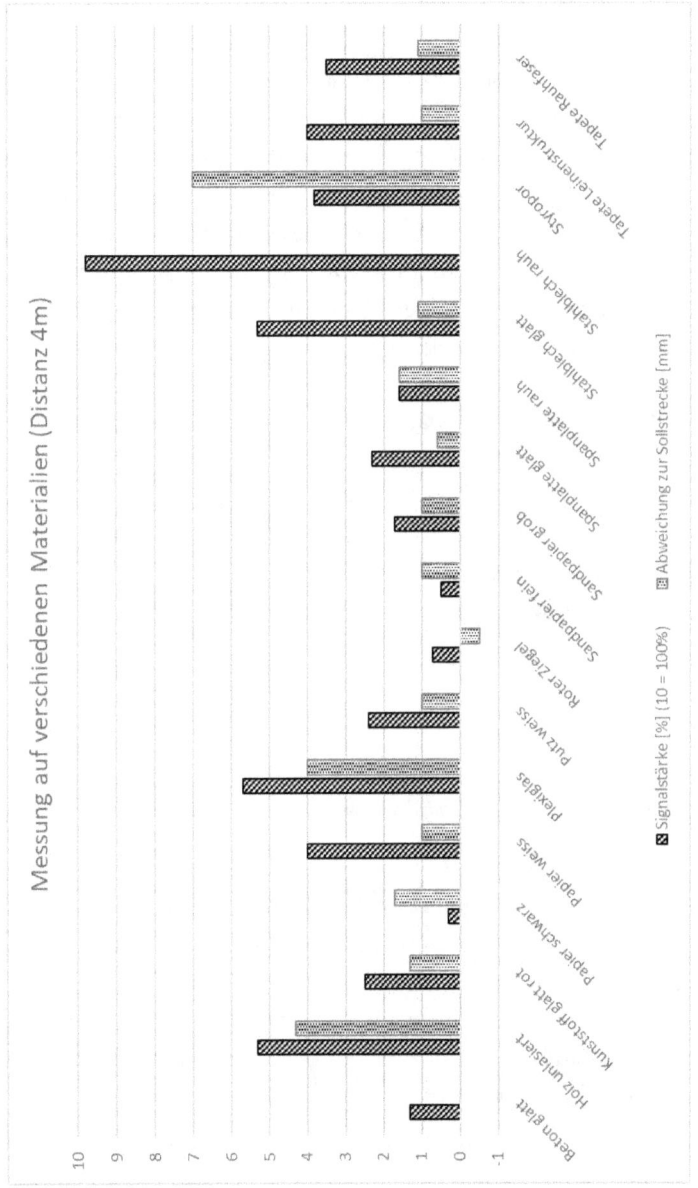

*Abbildung 2    Signalstärken und Abweichungen abhängig von der Oberfläche*

## Unterbrechungen des Messstrahls

Es kann vorkommen, dass der Laserstrahl durch ein Hindernis unterbrochen wird und das erwünschte Ziel nicht erreicht. Das kann durch Laub, Fussgänger, Autos oder andere Dinge, die sich durch die Messstrecke bewegen, verursacht werden. Wenn von der so verkürzten Strecke der reflektierte Strahl ausgewertet wird, ergibt sich eine zu kurze Distanz. Der Laserentfernungsmesser wird vor solch einer Fehlmessung nicht warnen, weil er nicht zwischen Zielobjekt und Hindernis unterscheiden kann.

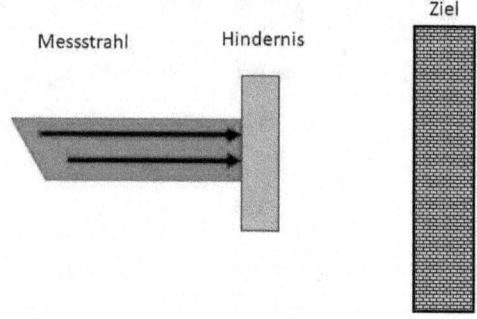

*Abbildung 3    Einfluss: vollständige Unterbrechung des Messstrahls*

Tipp:
Als Bediener des Geräts ist auf die Plausibilität der Ergebnisse zu achten. Hindernisse im Strahlengang müssen erkannt werden. Mit einem Entfernungsmesser mit Kamera als Zielsucher lassen sich solche Fehler einfacher vermeiden, weil die Messung aus der Perspektive des Geräts im Kamerabild kontrolliert werden kann.

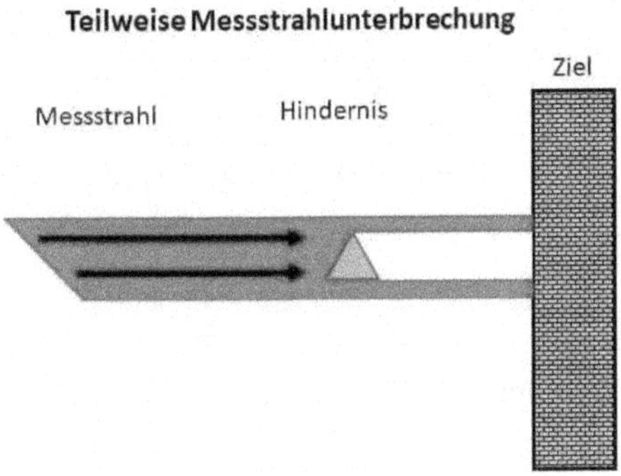

Laserentfernungsmesser – optimal einsetzen und genau messen

**Teilweise Messstrahlunterbrechung**

*Abbildung 4      Einfluss: teilweise Unterbrechung des Messstrahls*

Wenn ein besonders dünnes Hindernis, beispielsweise ein Grashalm, in den Messstrahl ragt, kann der Durchmesser des Hindernisses geringer sein als der Durchmesser des Laserstrahls. In einem solchen Fall wird ein Teil des Messstrahls vom Hindernis reflektiert und ein Teil vom eigentlichen Ziel. Der Entfernungsmesser empfängt beide Reflektionen und wertet diese aus. Es ist unsicher, ob dieser erkennt, dass zwei Reflektionen vorhanden sind und er eine Fehlermeldung zurückgegeben sollte. Im schlimmeren Fall wertet er beide Reflektionen aus und gibt eine Mischstrecke zurück, deren Endpunkt zwischen Hindernis und Ziel liegt.

## Messungen auf geneigte oder verschwenkte Flächen

In der Praxis lässt sich oft nicht vermeiden, dass der Messstrahl nicht senkrecht auf die zu messende Fläche trifft. Wenn die Strahlen schräg auf eine Wand treffen, wird der Zielpunkt (oder korrekter: die vom Laser getroffene Zielfläche) in der Schnittgeometrie verzerrt. Dadurch können Differenzen zwischen der gemessenen Distanz und der Sollstrecke auftreten.

> Tipp:
> Der Winkel zwischen Messstrahl und der Oberfläche des Ziels sollte nicht spitzer als 50 gon bzw. 45° sein, sonst nimmt die Ungenauigkeit überproportional zu.

## Messungen auf Stufenkanten und Ecken

Innere und äussere Ecken und auch Stufenkanten könnten Fehler bei Messungen verursachen. Wenn Räume vermessen werden, sind es gerade diese Stellen, die wichtig sind und die zumeist vermessen werden. Das Problem «innere Ecke» tritt zum Beispiel beim Messen der Diagonalen in einem Raum auf. Der Messstrahl ist divergent, d.h. es ist kein punktförmiger Strahl, sondern er hat einen Durchmesser, auch wenn dieser klein ist. Damit wird klar, dass die innere Ecke nicht exakt angezielt werden kann. Es wird immer auch ein Teil der Wand neben der Ecke mit angezielt und diese reflektiert den Laser. Weil der Entfernungsmesser Signale aus der Ecke und von «dicht daneben» erhält, entsteht ein Mischsignal. Messstrecken zu inneren Ecken werden daher zu kurz gemessen, weil sich ein Teil der reflektierenden Flächen vor dem eigentlichen theoretischen Zielpunkt befindet.

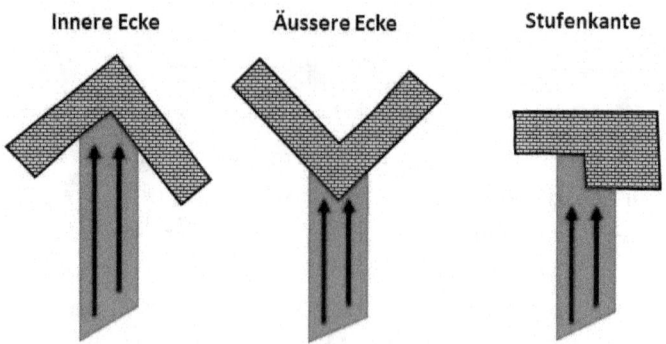

*Abbildung 5*   *Einfluss: Messungen in inneren und äusseren Ecken sowie Stufenkanten*

Analog dazu werden äussere Ecken stets zu lange gemessen, weil die neben der Ecke liegenden Flächen weiter entfernt vom Messgerät sind.

Bei Stufenkanten kann ein Teil des Laserstrahls von der vorderen und ein Teil von der hinteren Fläche reflektiert werden. Damit ergibt sich ein Messresultat, das zwischen den beiden Entfernungen liegen kann.

> Tipp:
> Bereits geringe Anteile des Sendestrahls, die von einer unerwünschten Fläche reflektiert werden, können zu einer Verfälschung der Messstrecke führen. Aus diesem Grund sollte man darauf achten Flächen genau anzuzielen und möglichst den Laser nicht in die Nähe von Flächen zu bringen, die zu einer Teilreflektion führen können und das Messergebnis so verfälschen.
>
> Dabei sollte beachtet werden, dass der tatsächlich wirksame Strahlenquerschnitt ungefähr die doppelte Fläche des sichtbaren roten Laserflecks ausmachen kann, je nachdem wie intensiv das Tageslicht ist.

## 3.2.2 ISO 16331-1

Was versteckt sich hinter dieser Norm? Der Titel lautet: Optik und optische Instrumente - Laborprüfverfahren geodätischer Instrumente - Teil 1: Leistungsbeschreibung von Handheld-Laserdistanzmessgeräten (ISO 16331-1:2017).

Wer schon in der Praxis mit einem Laserentfernungsmesser gearbeitet hat, weiss bestimmt, dass die Reichweite und Genauigkeit stark vom Reflexionsverhalten des Messzieles und von den Lichtverhältnissen abhängt. Hier nützt es nichts, wenn der Hersteller mit grossen Reichweiten Marketing betreibt, jedoch die Performance der Messgeräte ausschliesslich unter perfekten Laborbedingungen zu schaffen ist.

Der Praktiker will diese Leistung und Werte im Alltag auf der Baustelle erreichen. Hier existiert eine Diskrepanz zwischen Werbung und Realität, weil jeder Hersteller nach eigenem Gusto und unter Idealbedingungen messen konnte und diese Resultate dann für Werbezwecke und Vergleiche verwenden konnte. Damit Vergleiche in Zukunft besser möglich sind, wurde die ISO Norm 16331-1 entwickelt. Sie regelt, wie Laserentfernungsmesser geprüft werden und macht diese dadurch auch untereinander vergleichbar.

Bei der Entwicklung der Norm war Leica Geosystems als der Erfinder des handgeführten Laserdistanzmessers mit involviert. Es ist der Firma ein Anliegen, die Messgeräte für die Praxis zu spezifizieren, damit diese auf dem Bau das Versprechen einlösen können, das auf der Verpackung gemacht wurde. Wie schon angesprochen, heisst das, dass Reichweite und Genauigkeit im praktischen Arbeitsumfeld und nicht nur bei optimalen Laborbedingungen die spezifizierten Werte erreichen sollen.

Verschiedene Faktoren haben einen grossen Einfluss auf die maximale Reichweite und die erreichbare Messgenauigkeit. Dazu gehören die Stärke des Umgebungslichtes, die Oberflächenstruktur und die Farbe des Messzieles sowie die Temperatur, bei der gemessen wird. Ohne die ISO-Norm waren diese Parameter nicht näher definiert, so dass jeder Hersteller eigene Definitionen nach seinem Gutdünken verwenden konnte. Für den Endanwender wurde es aus diesem Grund immer schwieriger auf dem wachsenden Markt aus Laserentfernungsmessern Vergleiche anstellen zu können. Dabei weiss jeder aus der Praxis, wie wichtig Genauigkeit und Verlässlichkeit sind, weil unpräzise oder missverständliche Angaben zu gravierenden und im Zweifelsfall sehr teuren Messfehlern führen können.

Die ISO-Norm 16331-1 definiert im Detail, wie Angaben zu Reichweite und Genauigkeit angegeben werden müssen und wie die dazu nötigen Messprozeduren ablaufen müssen. Die Normierung führt dazu, dass die Angaben, die ein Hersteller veröffentlicht, von unabhängigen Institutionen geprüft werden kann. Erst dadurch werden die Angaben zu Laserentfernungsmessgeräten, die von verschiedenen Herstellern stammen, untereinander vergleichbar.

Der Käufer eines nach der ISO-Norm spezifizierten Laserentfernungsmessers kann Rückschlüsse auf die erreichbare Messgenauigkeit und erzielbare Reichweite unter vergleichbaren Messbedingungen ziehen. Das ist von entscheidender Bedeutung, wenn man den Nutzen eines Laserdistanzmessgeräts für die Anwendung auf der Baustelle abschätzen will.

Die ISO-Norm 16331-1 berücksichtigt folgende Messbedingungen, wie sie in der Praxis auch auftreten:

- günstige Messbedingungen, wie sie bei Innenanwendungen sehr häufig vorkommen:
    o Schwaches Umgebungslicht von 3'000 Lux
    o Messung auf einer weiss gestrichenen Wand
    o Messung bei Raumtemperatur

- ungünstige Messbedingungen, wie sie bei Aussenanwendungen häufig vorkommen:
  - starkes Sonnenlicht mit 30'000 Lux
  - Messung auf eine weiss gestrichene Wand
  - Messung im gesamten Bereich der Betriebstemperatur
- es können auch andere Messbedingungen spezifiziert werden, zum Beispiel:
  - Messung auf eine definierte Zieltafel
  - Messung auf eher ungünstige Messziele mit schwacher oder starker Reflektion wie z.B. nasser Beton oder Oberflächen aus Metall

Wer einen tieferen Blick in die ISO Norm 16331-1 werfen will, kann dort zu den folgenden Punkte nachlesen: Reflektion des Messziels, Hintergrundbeleuchtung, Temperaturen der wichtigsten Bauteile, atmosphärische Einflüsse, Auflösung des Displays, durchschnittlicher Fehler und Messunsicherheit, Einflüsse auf die Unsicherheit, Testprozedere, Voraussetzungen, Anordnung der Messpunkte, Berechnung der Abweichungen und der Messunsicherheit.

### 3.2.3 Vergleich mit Massband

Die Bandmessung ist fehleranfällig. Die Vorzeichen der Fehler können als Korrekturen beim Messen angesetzt werden. Für Absteckungen sind die Vorzeichen zu wechseln.

Das Messband kann sowohl aus der horizontalen wie auch der vertikalen Geraden ausweichen. Dieser Fehler kann mittels Pythagoras abgeschätzt werden. Die Messergebnisse werden durch das Ausweichen aus der Messrichtung zu gross.

Der Fehler aufgrund Banddurchhang lässt sich mit einer Näherungsformel abschätzen:

$$\Delta l \cong \frac{8 * p^2}{3 * l}$$

l : Bandlänge abgelesen
p : Durchhang abgelesen
$\Delta l$ : Längenänderung

Die Messergebnisse werden durch den Banddurchhang zu gross. In der Praxis wird der Durchhang nicht berechnet, sondern er wird durch Unterstützen des Messbands verhindert bzw. minimiert.

Weiterhin gibt es einen Temperatureinfluss, der sich auf die Bandlänge auswirkt. Stahlmessbänder werden durch Temperaturunterschiede in der Länge verändert. Die Längenänderung folgt der Formel

$$\Delta l \cong \alpha * l * \Delta t$$

$\Delta l$ : Längenänderung
$\alpha$ : thermischer Ausdehnungskoeffizient
(für Bandstahl $\cong$ 11.5 ppm pro °)
l : Messlänge
$\Delta t$ : Temperaturdifferenz in Grad

Faustregel:
10° Temperaturunterschied auf 10 m Länge
→ $\Delta l$ = 1 mm

Für Messungen mit hohem Anspruch an die Genauigkeit genügen Stahlbänder nicht mehr. Der Temperaturverzug des Bandes kann nicht mit der erforderlichen Genauigkeit berechnet werden, weil die Lufttemperatur nicht der Temperatur des Bandes entspricht. Deshalb werden Invardrähte mit sehr kleiner Temperaturabhängigkeit verwendet, die im Vergleich zu Stahl 10 bis 100-mal geringer ist. Der Invarstahl bestehet aus 64% Eisen und 36% Nickel.

Invardrähte werden nur noch selten verwendet, weil der Aufwand für die Messungen sehr gross ist.

### 3.2.4   Vergleich mit Meterstab

Ist ein Zollstock oder Messband zur Kontrolle geeignet?

Natürlich kann man die Messung mit einem Meterstab oder einem Massband kontrollieren. Dadurch stellt man schnell fest, ob die Distanz in etwa stimmen kann.

*Abbildung 6     III auf einem Meterstab als Genauigkeitsklasse*

An dieser Stelle muss darauf hingewiesen werden, dass Zollstöcke und Messbänder in verschiedene Genauigkeitsklassen eingeteilt sind und natürlich auch nicht absolut exakt messen. Zollstöcke, die man als Werbegeschenk erhält, gehören bestenfalls der Genauigkeitsklasse III an. Diese Klasse ist in der Regel auf dem ersten Segment des Meterstabs als römische Ziffern vermerkt.

Es gibt präzisere Zollstöcke der Genauigkeitsklasse II, die zu einem deutlich höheren Preis angeboten werden. Einen auf Genauigkeitsklasse I «geeichten" Meterstab hat der Autor bislang nicht gefunden.

Die Genauigkeitsklassen sind in der „Richtlinie 2004/22/EG des Europäischen Parlaments und Rates vom 31. März 2004 über Messgeräte" definiert. Im „Anhang MI-008 Massverkörperungen" finden sich die Anforderungen an Messbänder.

Die Fehlergrenzen (ob positiv oder negativ in mm) werden durch die Formel a + bL ausgedrückt. Dabei ist L die auf den nächsten Meter aufgerundete Grösse der zu messenden Länge und die Werte für a und b sind der folgenden Tabelle zu entnehmen:

| Genauigkeitsklasse | a [mm] | b |
|---|---|---|
| I | 0.1 | 0.1 |
| II | 0.3 | 0.2 |
| III | 0.6 | 0.4 |

*Tabelle 4   Parameter für die Berechnung der Fehlergrenzen je Genauigkeitsklasse*

Wenn man die obige Formel auf typische Längen anwendet, so erhält man die folgenden Toleranzgrenzen für die drei Genauigkeitsklassen.

| | Klasse I | Klasse II | Klasse III |
|---|---|---|---|
| Formel für Toleranz | 0.1 + 0.1*L | 0.3 + 0.2*L | 0.6 + 0.4*L |
| Länge L in m | Toleranz in mm± | Toleranz in mm± | Toleranz in mm± |
| 1 | 0.2 | 0.5 | 1.0 |
| 2 | 0.3 | 0.7 | 1.4 |
| 3 | 0.4 | 0.9 | 1.8 |
| 4 | 0.5 | 1.1 | 2.2 |
| 5 | 0.6 | 1.3 | 2.6 |
| 6 | 0.7 | 1.5 | 3.0 |
| 7 | 0.8 | 1.7 | 3.4 |
| 8 | 0.9 | 1.9 | 3.8 |
| 9 | 1.0 | 2.1 | 4.2 |
| 10 | 1.1 | 2.3 | 4.6 |
| 15 | 1.6 | 3.3 | 6.6 |
| 20 | 2.1 | 4.3 | 8.6 |
| 25 | 2.6 | 5.3 | 10.6 |
| 30 | 3.1 | 6.3 | 12.6 |
| 35 | 3.6 | 7.3 | 14.6 |
| 40 | 4.1 | 8.3 | 16.6 |
| 45 | 4.6 | 9.3 | 18.6 |
| 50 | 5.1 | 10.3 | 20.6 |

*Tabelle 5   Toleranzgrenzen für die 3 Genauigkeitsklassen abhängig von der Distanz*

Die Tabellenwerte zeigen konkret, was die Parameter für die Genauigkeitsklassen in der Formel verursachen: Genauigkeitsklasse II verlangt eine Toleranz die gegenüber der Toleranz von Klasse III nur halb so gross ist. Der Schritt von Genauigkeitsklasse II zu Klasse I ist dann noch einmal so gross; also wieder nur die Hälfte der Toleranz der unpräziseren Klasse. Damit ist die Toleranz von Genauigkeitsklasse I nur noch rund 25% der Toleranz von Klasse III.

Führt man sich die Anforderung für Genauigkeitsklasse I vor Augen +/- 5.1 mm auf 50 m Distanz ist das ein ambitiöses Ziel.

Neben der hohen Genauigkeit bei den Laserdistanzmessern gibt es ein weiteres Argument, das für sie spricht: Mit einem Laserentfernungsmesser messen Sie effizienter und schneller im Vergleich zum Ausmessen mit einem Zollstock.

## Wie unterscheidet sich der Vermessungsprozess zwischen Zollstock und Laserentfernungsmesser?

Das Fachmagazin «Malerblatt» hat in einer Ausgabe einen aufschlussreichen Erfahrungsbericht veröffentlicht.

### Aufmass von Räumen

Die Zeitschrift für das Maler- und Ausbauhandwerk hat für den Vergleich zwei Büroräume, Flur, Eingang und WCs auf klassische Weise mit einem Zollstock und zeitgemässer mit einem Laserentfernungsmesser vermessen und dabei die Zeit gestoppt. Die Masse wurden entlang einem fiktiven Leistungsverzeichnis notiert, in dem die Masse der Wände, von Fussboden und Decke, Fenstern, Türen, Zargen und Heizkörpern erfasst wurden. Das Verzeichnis umfasste vierzehn Positionen.

Beim Fussboden zeigte sich schon deutlich, dass die Zimmergrösse und damit längere Strecken mit dem Zollstock mühsam zu messen waren, weil der Meterstab mehrmals verschoben werden musste. Je nach Zimmer erschwerten Möbel das Vorgehen. Bis alle Räume mit einer Grundfläche von insgesamt 74 Quadratmeter per Zollstock vermessen waren, dauerte es 93 Minuten.

Nun kommt die Vergleichsmessung mit Laser-Unterstützung. Bei langen Strecken war der Laser im Vergleich zum Meterstab klar im Vorteil. Wenn die Wände von Möbeln zugestellt waren oder die Räume besonders hoch waren, ging das Ausmessen mit dem Entfernungsmesser einfacher und schneller. Nicht zu vernachlässigen war der Spassfaktor, der beim Laser deutlich höher war.

Schon nach 58 Minuten war das Vermessen der Räume abgeschlossen. Damit lag die Zeitersparnis bei 35 Minuten oder bei über 37 % im Vergleich zum Zollstock.

Dieser Unterschied zeigt klar, dass sich ein Laserentfernungsmesser unter ähnlichen Voraussetzungen schon nach kurzer Zeit amortisiert

### Fensteraufmass

In einem zweiten Vergleich wurden Fenster vermessen und zwar gleich 31 Stück. Mit dem Meterstab war das überhaupt kein Problem. Nach 25 Minuten war die Arbeit fertig. Im Durchschnitt war das weniger als eine Minute je Fenster, Dokumentation der Ergebnisse eingeschlossen.

Mit dem Laserentfernungsmesser ergaben sich Vorteile bei grossen Fenstern, die mit Blumen oder Staubfängern zugestellt waren. Die Aussenmasse der Fenster konnten so auch ganz einfach ermittelt werden. Das Ausmessen dauerte mit dem Laser 20 Minuten. Das waren immerhin 5 Minuten bzw. 20 Prozent weniger. Auch in Sachen Genauigkeit waren die Ergebnisse vergleichbar, denn die Differenz der Gesamtfläche betrug nur 0.22%. Auch bei diesem Einsatzzweck sprach- die Zeitersparnis von 20% für die Laserdistanzmesser.

### Andere Anwendungsfälle

Die vom Malerblatt ermittelte Zeitersparnis gilt für das Aufmass von ganzen Räumen. Ein Maler benötigt auch die Flächen der Wände und der Decke. Je nach Berufsbild oder Anwendungsfall ändert sich der Aufwand für das Ausmessen von Räumen. Einem Bodenleger reichen in der Regel die Grundrisse der Zimmer.

### Fazit

Mit der vom Malerblatt in einem Test festgestellten Zeit-Einsparung zwischen 20% und 37 % macht sich ein Laserentfernungsmesser schon nach kurzer Zeit bezahlt. Dass die Arbeit mit dem Entfernungsmesser mehr Spass macht, wird hierbei nicht berücksichtigt, ist aber ein wichtiges zusätzliches Argument.

## 3.2.5 Vergleich mit Ultraschallentfernungsmesser

Was sind die Unterschiede zwischen Ultraschall- und Laserentfernungsmessern?

Bei den Entfernungsmessern gibt es zwei grundsätzlich verschiedene Technologien, um die Distanz zu bestimmen. Weil die beiden Technologien in Bezug auf die Messgenauigkeit oder bei den Einschränkungen der Anwendungsmöglichkeiten grosse Unterschiede aufweisen, wird im Folgenden genauer darauf eingegangen.

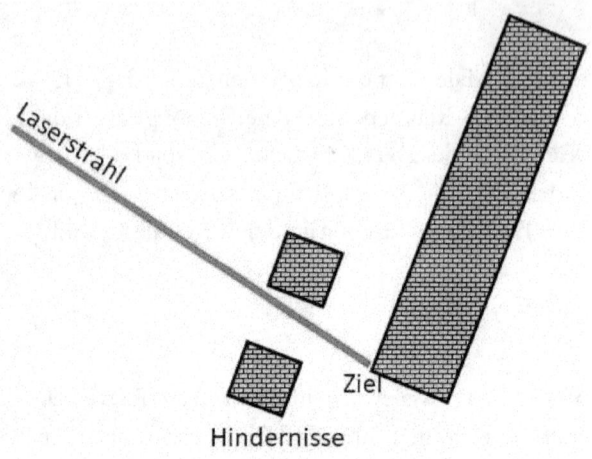

*Abbildung 7    Punktgenaues Messen mit Hilfe eines Laserstrahls*

## Distanzen mit dem Laserentfernungsmesser ermitteln

Ein Laser-Entfernungsmesser misst die Distanz zu einem Zielpunkt, der mit dem Laserstrahl anvisiert wird, punktgenau. Da der Zielpunkt als rot leuchtender Punkt am Ziel zu erkennen ist, kann leicht festgestellt werden, ob tatsächlich die Distanz gemessen wird, die gemessen werden soll. Es ist problemlos möglich zwischen Hindernissen hindurch zu peilen und eine Entfernung wie in der Skizze zu messen.

Anmerkung: Dass der Laserstrahl kein Stahl aus exakt parallelem Licht ist, sondern auch leicht auffächert und zu kleinen Fehlern führen kann, ist in Kapitel 3.2.1 beschrieben.

## Und wie geht das bei den Ultraschallentfernungsmessern?

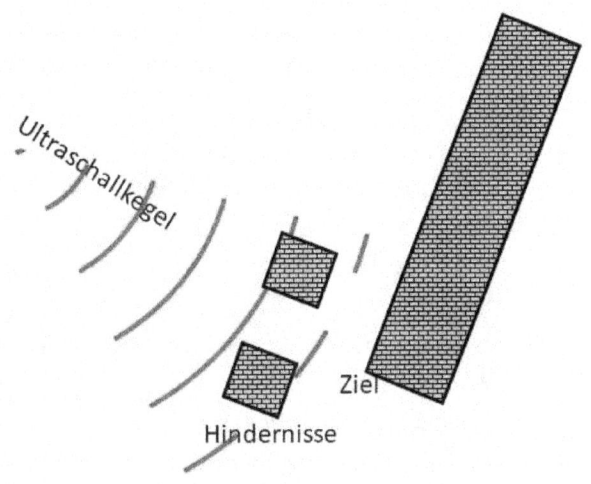

*Abbildung 8    Messen mit einem Ultraschallkegel*

Entfernungsmesser auf der Basis von Ultraschall senden Ultraschallimpulse aus und messen die Entfernung, indem sie die zeitliche Verschiebung des zurückkommenden „Echos" feststellen und mit Hilfe der Schallgeschwindigkeit in eine Distanz umrechnen. Bei diesem Verfahren treten oft systembedingt Probleme auf. Das heisst, diese Probleme lassen sich nicht auf ein einzelnes Gerät zurückführen, sondern sie gelten für alle Ultraschallentfernungsmesser.

- Bei der Anwendung des Ultraschallmessers ist häufig unklar, wo der Zielpunkt der Messung liegt. Da der Zielpunkt bei vielen Geräten nicht angezeigt wird. Um diesen Mangel zu verbessern, gibt es Geräte mit eingebautem Ziel- oder Peil-Laser. Der Laser dient nur, um das Ziel zu zeigen, jedoch nicht für die Berechnung der

Distanz. Wer ein solches Gerät verwendet, wiegt sich möglicherweise in einer ungerechtfertigten Sicherheit, dass tatsächlich die Strecke gemessen wird, die er mit dem Laserstrahl definiert. Wer weiss denn schon von welchem Ort das Echo des Ultraschallimpulses reflektiert wird, das für die Messung verwendet wird?

- Das Durchzielen oder Peilen zwischen Hindernissen führt zu keinen verlässlichen Ergebnissen, da unklar ist, ob das Echo von einem Hindernis oder aus der Nähe des Zielpunkts (sofern dieser überhaupt ersichtlich ist) kommt.
- Wenn in einem schrägen Winkel (also nicht senkrecht) zu einer Wand gemessen werden muss, können kaum genaue Ergebnisse erwartet werden.
- Für eine Messung ist eine Fläche mit einer ziemlich grossen Mindestausdehnung nötig, da sonst kein oder zu wenig Ultraschall zurückgeworfen wird. Liegt der Zielpunkt einer Messung nicht auf einer Wand, muss eine grosse Fläche zur „Zieldarstellung" verwendet werden. Bei Laserentfernungsmessern genügt hier eine kleine Fläche, da lediglich der Zielpunkt des Lasers – und ein bisschen Reserve, falls man wackelt – Platz finden muss.
- Die Messgenauigkeit von Ultraschallentfernungsmessern ist deutlich schlechter als diejenige von Laserdistanzmessgeräten. Zudem ist das Handling schwieriger und es wird sich kaum das Gefühl des Vertrauens in das Messgerät einstellen, wie es bei Laser-basierten Geräten schon nach wenigen Kontrollen der Ergebnisse mit Hilfe eines Zollstocks oder eines Massbands auftritt.

> **Tipp:**
> Die dargestellten methodischen Probleme zeigen deutlich, dass Ultraschallentfernungsmesser nicht mehr eingesetzt werden sollten. Wer noch ein solches Gerät besitzt, sollte es durch einen Laser-basierten Distanzmesser ersetzen.

Durch den technischen Fortschritt wurden Laserentfernungsmesser in den letzten Jahren immer günstiger und sind auch im Preissegment für Einsteiger erhältlich, so dass sie die auf Ultraschall basierenden Geräte weitgehend vom Markt gedrängt haben.

### 3.2.6 Vergleich mehrerer Laserentfernungsmesser

Im folgenden Kapitel geht es um die Genauigkeit verschiedener Laserentfernungsmesser. Denn mit der Präzision hängt unmittelbar das Vertrauen in die Messergebnisse zusammen. Wenn man Zweifel an den Ergebnissen hat, fällt es schwer, die Möglichkeiten, die viele Laserentfernungsmesser bieten, auszuschöpfen.

Was macht man im Fall so einer Unsicherheit? Man misst mit dem Meterstab oder einem Messband nach. Dann geht jedoch ein wichtiger Vorteil der Lasergeräte verloren: die höhere Geschwindigkeit beim Messen.

<u>Wie kontrolliert man einen Laserentfernungsmesser?</u>

Manche Hersteller von Distanzmessgeräten raten dazu, hin und wieder die Genauigkeit des Messwerkzeugs wie nachfolgend beschrieben zu überprüfen:

Man wähle eine Messstrecke, deren Länge dauerhaft unveränderlich ist und im Bereich von 3 bis 10 Meter liegen sollte. Die Messungen sollen unter günstigen Bedingungen (Innenraum, glatte und gut reflektierende Zielfläche) durchgeführt werden.

Die Strecke soll in Folge 10-mal gemessen werden.

Je nach Gerät sollte die Abweichung der einzelnen Messungen vom Mittelwert nicht mehr als wenige Millimeter betragen. Man sollte die Messungen protokollieren, damit später die Genauigkeit verglichen werden kann.

Im Rahmen eines Tests wurden vom Autor mit vier verschiedenen Laserentfernungsmessern jeweils 10 Durchgänge der gleichen Messung durchgeführt. Die Messergebnisse sind in der folgenden Tabelle anonymisiert dargestellt. Schliesslich ist unbekannt, ob die getesteten Geräte typische Resultate für die entsprechenden Laserentfernungsmessertypen liefern. Es könnte durchaus sein, dass die Geräte besonders gute oder schlechte Ergebnisse gemessen haben.

## Laserentfernungsmesser – optimal einsetzen und genau messen

| Messung | Einheit | Gerät 1<br>ISO 16331-1 | Gerät 2 | Gerät 3<br>ISO 16331-1 | Gerät 4 | Anmerkung |
|---|---|---|---|---|---|---|
| 1 | m | 4.04 | 4.039 | 4.0401 | 4.042 | |
| 2 | m | 4.04 | 4.039 | 4.0404 | 4.04 | |
| 3 | m | 4.04 | 4.038 | 4.0397 | 4.042 | |
| 4 | m | 4.041 | 4.04 | 4.0401 | 4.041 | |
| 5 | m | 4.04 | 4.039 | 4.0408 | 4.041 | |
| 6 | m | 4.04 | 4.04 | 4.0397 | 4.041 | |
| 7 | m | 4.039 | 4.039 | 4.0399 | 4.042 | |
| 8 | m | 4.04 | 4.041 | 4.0404 | 4.043 | |
| 9 | m | 4.041 | 4.039 | 4.0404 | 4.041 | |
| 10 | m | 4.04 | 4.039 | 4.04 | 4.042 | |
| Durchschnitt | mm | 4040.1 | 4039.3 | 4040.15 | 4041.5 | Arithmet. Mittel |
| Minimum | mm | 4039 | 4038 | 4039.7 | 4040 | kleinster Wert |
| Maximum | mm | 4041 | 4041 | 4040.8 | 4043 | grösster Wert |
| delta min | mm | -1.1 | -1.3 | -0.45 | -1.5 | negative Abweichung |
| delta max | mm | 0.9 | 1.7 | 0.65 | 1.5 | positive Abweichung |
| Standardabw. | mm | 0.5385 | 0.781 | 0.3324 | 0.8062 | |
| Klasse I | mm | 0.6 | 0.6 | 0.6 | 0.6 | max. zulässige Abw. |
| Anforderung erfüllt? | | nein | nein | nein | nein | |
| Klasse II | mm | 1.3 | 1.3 | 1.3 | 1.3 | max. zulässige Abw. |
| Anforderung erfüllt? | | ja | nein | ja | nein | |
| Klasse III | mm | 2.6 | 2.6 | 2.6 | 2.6 | max. zulässige Abw. |
| Anforderung erfüllt? | | ja | ja | ja | ja | |

*Tabelle 6   Je 10 Testmessungen mit 4 verschiedenen Entfernungsmessern*

Wenn man die Resultate dieses kleinen Tests genauer betrachtet, fällt auf, dass die Ergebnisse der Geräte 1 und 3 weniger stark streuen, als die der anderen. Die Laserentfernungsmesser 1 und 3 sind beide gemäss ISO 16331-1 zertifiziert. Die Einhaltung dieser Norm bürgt also tatsächlich für eine besonders hohe Genauigkeit.

Die Geräte 1, 2 und 4 gehören zur Einsteigerklasse. Sie kosten alle deutlich weniger als einhundert Euro.

Das Gerät 3 ist das teuerste der getesteten. Es kann sich also bezüglich Genauigkeit auszahlen, wenn man über ein entsprechendes Budget verfügt. Dieser Entfernungsmesser hätte beinahe die zulässigen Abweichungen für die Genauigkeitsklasse I (vergleiche Kapitel 3.2.4) eingehalten!

## 3.3 Kontrolle der Entfernungsmessung

Sie können die Genauigkeit des Messgeräts gemäss der folgenden Beschreibung überprüfen:

- Finden Sie eine dauerhaft unveränderliche Messstrecke von ca. 3 bis 10 m Länge. Ihre Länge sollte Ihnen exakt bekannt sein (z.B. Raumbreite oder Türöffnung). Die Messungen sollten unter günstigen Bedingungen ausgeführt werden, das heisst die Messstrecke sollte in einem Innenraum liegen und die Zielfläche der Messung sollte glatt und gut reflektierend sein.
- Messen Sie die Strecke 10-mal nacheinander.

Die Abweichung jeder Einzelmessung vom Mittelwert aller 10 Messungen darf höchstens 4 mm auf der gesamten Messstrecke bei günstigen Bedingungen betragen. Protokollieren Sie die Messungen, damit später die Genauigkeit verglichen werden kann.

> Tipp:
> Wenn Sie hohe Anforderungen an die Genauigkeit stellen (z.B. Fenster- oder Küchenbau), führen Sie die Kontrolle regelmässig aus. Insbesondere falls der Entfernungsmesser Stösse abbekommen hat oder auf den Boden gestürzt ist.
>
> Auch ein Quervergleich mit anderen Laserentfernungsmessern kann zur Kontrolle nützlich sein.

# 4 Vertikalwinkel

Wenn ein Strahl so lange gedreht wird, bis er wieder die ursprüngliche Lage einnimmt, hat er einen Vollwinkel überstrichen. Dieser wird je nach Winkelmasssystem unterschiedlich eingeteilt

Alte Teilung (Grad, DEG, sexagesimale Teilung)
1 Vollwinkel = 360° (Grad)
1° = 60' (Minuten)
1' = 60" (Sekunden)

Neue Teilung (Gon, GRAD, zentesimale Teilung)
1 Vollwinkel = 400 gon
Dezimale Schreibweise:
0.01 gon = 1 cgon (Zentigon)
0.001 gon = 1 mgon (Milligon)

Radiant (Arkus, RAD, Bogenmass)
1 Vollwinkel = 2 π rad
1° = 60' (Minuten)
1' = 60" (Sekunden)

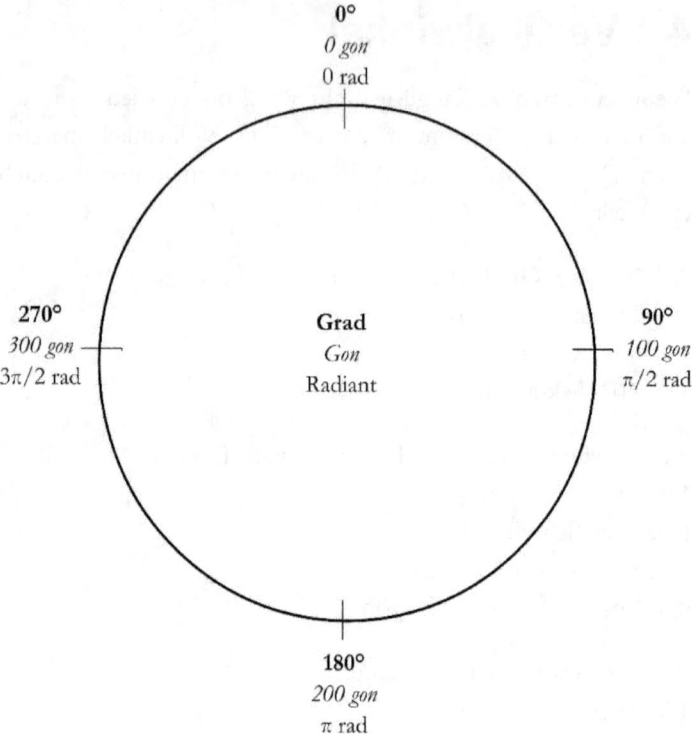

*Abbildung 9    Einteilung des Kreises in Grad, Gon und Radiant*

Einige der neueren Laserentfernungsmesser bringen neue Funktionen mit, die über die reine Messung von Distanzen hinausgehen.

Eine solche Funktion ist die Messung von Neigungen. Die unmittelbare Anwendung solche eines Neigungsmessers ist einfach und erschliesst sich von selbst: Winkelmessen von schiefen Ebenen, von Balken in einem Fachwerk, von Dachneigungen oder der Ausrichtung von Sonnenkollektoren.

Neben diesen unmittelbaren Anwendungen des Neigungsmessers erweitert er zusammen mit der Messung von Distanzen die Möglichkeiten des Laserentfernungsmessers:

Siehe hierzu auch das Kapitel mit den Funktionenbeschreibungen.

## 4.1 Messbereich

Bosch macht die folgenden Angaben bei Ihrem zuletzt auf den Markt gekommenen Topmodell:

Neigungsbereich          0° - 360° (4 * 90°)

## 4.2 Genauigkeit

### 4.2.1 Angaben der Hersteller

Bosch macht die folgenden Angaben bei Ihrem zuletzt auf den Markt gekommenen Topmodell:

Kleinste Anzeigeneinheit          0.1°
Typische Messgenauigkeit          ±0.2°

Nach Kalibrierung bei 0° und 90°. Zusätzlicher Steigungsfehler von max. ±0,01°/Grad bis 45°. Die Messgenauigkeit bezieht sich auf die drei Orientierungen der Kalibrierung der Neigungsmessung.

Als Bezugsebene für die Neigungsmessung dient die linke Seite des Messwerkzeugs.

Leica gibt bei seinem Topmodell an:

Messtoleranz zu Laserstrahl    −0.1° / +0.2°
Messtoleranz zu Gehäuse        ± 0.1°

Die obigen Angaben gelten nach der Kalibrierung durch den Anwender. Ausserdem kann eine winkelbezogene Abweichung von +/- 0.01° pro Grad bis zu +/-45° in jedem Quadranten auftreten. Dies gilt bei Raumtemperatur. Für den gesamten Betriebstemperaturbereich erhöht sich die Maximalabweichung um +/-0.1°.

Wenn sich alle ungünstigen Effekte addieren, liegt eine Messung eines Winkels von 45° um +0.2° + 0.1° + 0.01°*45 + 0.1° daneben. Das sind addiert 0.85°, die in der Realität wohl nie auftauchen, weil die einzelnen Abweichungen kaum alle zugleich maximal werden und alle das Ergebnis in die gleiche Richtung verfälschen.

## 4.2.2  Vergleich mit einer Wasserwaage

Mit dem Begriff Wasserwaage bezeichnet man ein Messgerät mit dem die horizontale und/oder vertikale Ausrichtung von Gegenständen überprüft werden kann. Die Kontrolle erfolgt mit Hilfe einer Libelle, das ist eine leicht gebogene Kunststoff- oder Glasröhre, die mit einer Flüssigkeit (meist Alkohol) gefüllt ist und eine Luftblase enthält.

Die Mauerwaage ist eigentlich eine spezielle Form der Wasserwaage, jedoch wird heute mit der Bezeichnung Wasserwaage meistens die Maurerwaage gemeint.

Die Genauigkeit von Wasserwaagen wird oft in mm/m angeben, es gibt aber auch die Angaben in Winkelgrad. Relevant ist die Länge der Wasserwaage, weil sich die Angabe des Fehlers stets auf das Messen über die ganze Länge der Wasserwaage bezieht.

Die erreichbare Messgenauigkeit hängt von den folgenden Faktoren ab: Qualität der Libelle, Einbaugenauigkeit, Aluprofil/Holzkörper oder Genauigkeit der Setzkante. Sie kann durch unsachgemässen Umgang (Belastungen, extreme Temperaturen, Stösse und bei Wasserwaagen aus Holz auch durch Feuchtigkeit oder gar Nässe), mangelnde Pflege, falsche Lagerung oder durch Alterung schlechter werden.

Die Messgenauigkeiten im Neuzustand beträgt häufig 0,057°, (1 mm/m) oder 0,0285° (0,5 mm/m).

Hier zeigt sich klar, dass die Neigungssensoren in Laserentfernungsmessern die Genauigkeit einer Wasserwaage nicht erreichen.

Wie in den vorangegangenen Kapiteln gezeigt, sind Laserentfernungsmesser den klassischen Geräten zur Entfernungsmessung (Meterstab oder Messband) in Sachen Genauigkeit überlegen. Bei der Messung von Vertikalwinkeln gilt dies nicht oder nur bedingt. Für den Sonderfall, der Messung von horizontalen oder vertikalen Winkeln ist eine Wasserwaage genauer.

Damit sollte bei Funktionen, welche auf der Messung von Vertikalwinkeln beruhen, darauf geachtet werden, dass die erreichbare Genauigkeit nicht mit derjenigen von direkten Messungen mit dem Laser vergleichbar ist.

Insbesondere dann, wenn aufgrund der Neigungsmessung sehr spitzwinklige Dreiecke entstehen, führen die Messungenauigkeiten zu möglicherweise relevanten Fehlern.

## 4.3 Vertikalwinkel in Sonderfunktionen

Vorsicht vor spitzen Winkeln mit langen Schenkeln. Hier gilt es auf erfahrene Vermesser und Geodäten hören.

Entfernungsberechnung aus einfacher Neigungsmessung

**Entfernung aus einfacher Neigungsmessung**

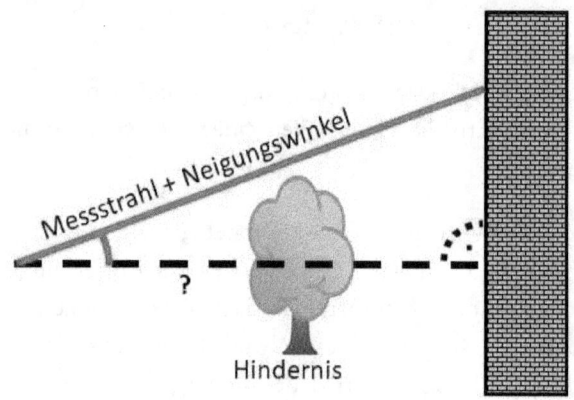

*Abbildung 10    Einfache Neigungsmessung*

Bei diesem Anwendungsfall soll die Distanz zu einer Wand ermittelt werden, obwohl Hindernisse die Sicht auf die nächstgelegene Stelle der Wand verhindern. Im nächstgelegenen Punkt der Wand würde der Strahl des Entfernungsmessers rechtwinklig zur Wand stehen. Wegen der Hindernisse ist dieser Strahl jedoch hypothetisch.

Wird ein Punkt anvisiert, der über dem nächstgelegenen Punkt liegt und von den Hindernissen nicht verdeckt wird, so kann die Entfernung zu diesem Punkt bestimmt werden. Zugleich wird die Neigung dieser Messung bestimmt. Damit kennt man die schiefgemessene Entfernung (Hypotenuse), einen rechten Winkel und den gemessenen Neigungswinkel im untersuchten Dreieck. Daraus können die Entfernung zum nächstgelegenen Punkt und die „Höhe" von diesem aus zum anvisierten Punkt berechnen.

Voraussetzung für diese Berechnungsart:

- Die Wand muss eben sein und senkrecht sein.
- Der anvisierte Punkt muss genau über dem Punkt mit der kürzesten Entfernung liegen.

Würde man die Szene von oben betrachten, so müsste ein rechter Winkel zwischen Wand und Strahl liegen. Es darf also nicht der Fall eintreten, dass neben der (messbaren) Auslenkung nach oben eine (nicht messbare) seitliche Auslenkung auftritt. Problematisch ist, dass man diesen rechten Winkel in der Horizontalen meistens einfach schätzt. Alternativ können mehrere Messungen mit einem Stativ wie skizziert gemacht werden und der Entfernungsmesser jeweils auf dem Stativ leicht horizontal gedreht werden, dann kommt die Messung mit der kleinsten gemessenen Distanz der tatsächlich kürzesten Distanz nahe.

Diese indirekte Messmethode ist weniger genau, im Vergleich zu einer direkten Messung der Distanz, wenn kein Hindernis diese verhindern würde.

## Höhenberechnung aus zweifacher Neigungsmessung

**Höhe aus zweifacher Neigungsmessung**

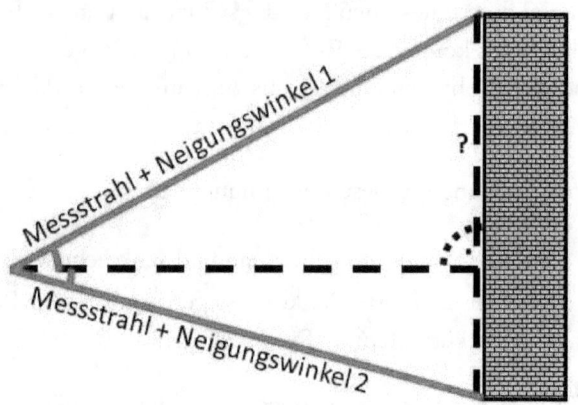

*Abbildung 11    Zweifache Neigungsmessung*

Die Höhe von Gebäuden kann mit der zweifachen Neigungs-Messung ermittelt werden. Diese Messart kann bei Flachdächern oder bei wenig reflektierenden Oberflächen angeraten sein.

Man peilt das Objekt oben an und bestimmt die Entfernung und den Neigungswinkel. Danach wird zum unteren Punkt gemessen und wieder Distanz und Winkel bestimmt. Aus den 4 Werten kann die Entfernung zwischen den anvisierten beiden Punkten also die Höhe berechnet werden.

Bei dieser Messung ist wichtig, dass beide Messungen vom gleichen Punkt ausgehen. Man sollte ein Stativ verwenden oder eventuell den Endanschlag des Entfernungsmessers nutzen.

## Genauigkeit der Methoden

Diese berechneten Werte können unter günstigen Voraussetzungen eine gute Genauigkeit erreichen, jedoch ist die direkte Messung der Entfernungen in fast allen Fällen genauer. Wenn also die direkte Messung der Distanz oder Höhe möglich ist, sollte man auch direkt messen.

Damit die berechneten Werte eine hohe Genauigkeit erreichen, müssen die Neigungswinkel geschickt gewählt werden. Wenn diese Winkel spitz sind, nimmt die Genauigkeit ab.

## Welche Laser-Entfernungsmesser können Neigungen messen?

Es kann verallgemeinert werden, dass Laserdistanzmesser der mittleren und oberen Preisklasse über integrierte Neigungssensoren verfügen. Sie können die beschriebenen Verfahren mit eingebauten Funktionen ausführen. Es sind keine komplizierten Berechnungen mit dem Taschenrechner notwendig, weil die Möglichkeiten für Sonderfunktionen mit dem eingebauten Vertikalwinkelmesser deutlich zunehmen.

## 4.4 Kontrolle der Neigungsmessung

Der Neigungsmesser sollte regelmässig einer Genauigkeitsüberprüfung und Kalibrierung unterzogen werden. Nur so fällt eine Fehlkalibrierung auf, die zu systematischen Fehlern führen würde.

Prüfen Sie immer wieder die Genauigkeit der Neigungsmessung durch eine Umschlagsmessung. Legen Sie den Entfernungsmesser auf einen Tisch und stellen Sie die Neigung fest. Drehen Sie danach das Messgerät um 180 ° und messen Sie wiederum die Neigung. Die Differenz zwischen den beiden Messungen darf maximal 0,3 ° betragen.

Wenn die Abweichungen grösser sind, muss das Messgerät neu kalibriert werden.

Wenn der Laserentfernungsmesser starken Temperaturwechseln oder Stössen ausgesetzt war, empfehlen wir eine Genauigkeitsprüfung und gegebenenfalls eine Kalibrierung des Messgeräts. Nach einem Temperaturwechsel muss der Distanzmesser mit integriertem Neigungsmesser eine Weile akklimatisieren bevor eine Kalibrierung beginnen kann.

# 5 Funktionen

## 5.1 Beschreibung der Funktion

### Längenmessung

Ermittelt die Distanz zu einer Fläche.
Zieloberflächen: Messfehler können bei der Messung auf Glas, farblosen Flüssigkeiten, Styropor oder halbdurchlässigen bzw. hochglänzenden Oberflächen auftreten. Werden dunkle Oberflächen anvisiert, steigt die Messzeit.

### Dauermessung

Die Dauermessung ermöglicht das Finden von Minima und Maxima, indem der Laserentfernungsmesser langsam geschwenkt wird und das Display beobachtet wird und die kleinste oder grösste Zahl gemerkt und festgehalten wird.

### Minimum-/Maximumfunktion

Im Min-/Max-Modus wird der Laserpunkt als Dauermessung in eine Ecke «geschoben». Die längste Messung wird erfasst (Maximum). Sehr nützlich für das genaue, diagonale Vermessen von Räumen und/oder Fenstern/Türen. Ähnlich kann die Funktion Minimum zum Ermitteln der Breite eines Raums genutzt werden.

### Flächenmessung

Berechnet die Fläche eines Rechtecks aus der Länge und Breite, die mit dem Entfernungsmesser bestimmt werden.

## Volumenmessung

Berechnet den Inhalt eines Quaders aus der Länge, Breite und Höhe.

## Indirekte Entfernungsmessung

Für die indirekte Entfernungsmessung gibt es drei Messfunktionen, mit denen je verschiedene Strecken ermittelt werden können. Die indirekte Entfernungsmessung ist nützlich zum Ermitteln von Entfernungen, die sich nicht direkt messen lassen, weil ein Hindernis den Strahlengang behindern würde oder keine Zielfläche als Reflektor vorhanden ist. Dieses Messverfahren kann nur in vertikaler Richtung verwendet werden. Jede horizontale Abweichung führt zu Messfehlern.

Hinweis: Die indirekte Entfernungsmessung ist immer ungenauer als die direkte Entfernungsmessung. Messfehler können anwendungsbedingt grösser sein als bei der direkten Entfernungsmessung. Zur Verbesserung der Messgenauigkeit sollte ein Stativ benutzt werden. Zwischen den Einzelmessungen bleibt der Laserstrahl eingeschaltet.

Die folgenden Unterarten der Funktion lassen sich unterscheiden:

- Indirekte Höhenmessung
- Doppelte indirekte Höhenmessung
- Indirekte Längenmessung

Voraussetzung: Vertikalwinkel

## Pythagoras

Mithilfe des Pythagoras können indirekt Höhen und Breiten gemessen werden. Zentral dabei ist, dass der zweite Laserschuss - die „rechtwinklige Messung" -- im rechten Winkel zu dem zu vermessenden Punkt ausgeführt wird.
Tipp: Benutzen Sie ein Stativ und einen Adapter, um eine hohe Messgenauigkeit zu erreichen.

## Indirekte Höhenmessung

Siehe „Pythagoras" oder „geneigte Objekte"

## Doppelte indirekte Höhenmessung

Die Höhe von Gebäuden oder Bäumen ohne geeignete reflektierende Ziele ist bestimmbar. Am unteren Punkt wird die Distanz und Neigung gemessen – was ein reflektierendes Laserziel erfordert.

Der obere Punkt kann mit dem Zielsucher / Fadenkreuz angezielt werden und benötigt kein reflektierendes Laserziel, da nur die Neigung gemessen wird.

## Indirekte Längenmessung

Siehe „Indirekte Entfernungsmessung"

## Trapezmessung

Ermittelt die Länge einer schrägen Linie, z.B. Dachschräge. Von einer Hausecke, wird vertikal unters Dach gemessen. Vom gleichen Punkt aus wird schräg die Dachhöhe unter dem First gemessen. Aus den beiden Distanzen und dem Vertikalwinkel der

zweiten- Messung wird die Länge zwischen den beiden anvisierten Punkten berechnet.
Voraussetzung: Vertikalwinkel

## Dreiecksfläche

Aus den drei gemessenen Seitenlängen eines Dreiecks werden die Angaben Fläche, Umfang und die Winkel berechnet. Die Funktion kann genutzt werden, wenn Räume nicht rechtwinklig sind und daher nicht mit der Funktion Fläche berechnet werden können. Dann gilt es den Raum in Dreiecke einzuteilen, jedes Dreieck aufzunehmen und dann die Werte zu addieren.

## Wandflächenmessung

Wenn der Laserentfernungsmesser im Flächen- oder Volumenmodus arbeitet, können die Funktionen Addition/Subtraktion benutzt werden, um die Gesamtfläche verschiedener Oberflächen zusammenzuzählen und/oder eine Fläche, wie beispielsweise die eines Fensters, abzuziehen.

## Absteckfunktion

Es können eine oder zwei Distanzen (a und b) eingegeben werden, um definierte Messlängen zu markieren.

Bei einer Entfernung von weniger als 0.1 m zum nächsten Absteckpunkt gibt das Gerät einen Signalton ab. Durch Drücken der Taste Zurück / Aus kann diese Funktion beendet werden.

## Neigungsmessung/Digitale Wasserwaage

Der Entfernungsmesser kann eventuell zwischen zwei Zuständen umschalten. Die digitale Wasserwaage dient zur Prüfung der horizontalen oder vertikalen Ausrichtung eines Objektes (z.B.

Waschmaschine, Kühlschrank etc.).

Die Neigungsmessung dient zum Messen einer Steigung oder Neigung (z.B. von Treppen, Geländern, beim Einpassen von Möbeln, beim Verlegen von Rohren usw.).
Voraussetzung: Vertikalwinkel

### Neigungstracking

Die Neigung wird dauerhaft angezeigt. Manche Geräte geben bei 0° und 90° einen Signalton ab. Ideal für horizontale oder vertikale Anpassungen.
Voraussetzung: Vertikalwinkel

### Höhenprofil-Messung

Funktion für die Messung von Höhendifferenzen zu einem Referenzpunkt. Kann auch zur Messung von Profilen und Geländeschnitten genutzt werden. Nach der Messung des Referenzpunktes werden Horizontalentfernung und Höhe für jeden folgenden Punkt angezeigt.
Voraussetzung: Vertikalwinkel

### Geneigte Objekte

Indirekte Distanzmessung zwischen zwei Punkten mit zusätzlichen Ergebnissen. Ideal für Einsätze wie Länge und Neigung des Dachs, Höhe von Schornsteinen ...

Wichtig ist, das Instrument in der gleichen vertikalen Ebene zu positionieren wie die beiden gemessenen Punkte. Das bedeutet, dass das Gerät auf dem Stativ nur vertikal bewegt und nicht horizontal gedreht wird, um die beiden Punkte zu erreichen.

## Speicherfunktion

Die Messdaten können gespeichert werden und eventuell auch Fotos, die von der Kamera des Zielsuchers aufgenommen wurden und mit den dazugehörigen Messdaten überlagert werden.

## Breite

Ermittelt die Breite eines Gegenstands z.B. Haus, indem lotrecht auf die Fläche (Fassade) gemessen wird und ein Foto gemacht wird, bzw. im Kamerabild gemessen wird. Dazu wird der Gegenstand auf beiden Seiten des Bilds eingegrenzt. Mit dem per Laser ermittelten Abstand zum Gegenstand und der Breite im Bild lässt sich die tatsächliche Breite berechnen.
Hinweis: Das Verfahren ist nicht hochpräzis. Wenn sich die Breite durch eine direkte Messung per Laser ermitteln lässt, ist diese Messung genauer.
Voraussetzung: Kamerafunktion

## Durchmesser

Ermittelt den Durchmesser eines Gegenstands, indem lotrecht auf den Zylinder gemessen wird und ein Foto gemacht wird, bzw. im Kamerabild gemessen wird. Den Laser lotrecht auf die Mitte des runden Objekts richten. Dann wird der Zylinder auf beiden Seiten auf dem Bild eingegrenzt. Mit dem per Laser ermittelten Abstand zum runden Gegenstand und der im Bild markierten Breite lässt sich die tatsächliche Breite berechnen. Ausserdem werden der Umfang und die Kreisfläche berechnet.
Voraussetzung: Kamerafunktion

## Fläche von Foto

Ähnlich wie die Funktionen Breite und Durchmesser nutzt die Funktion „Fläche von Foto" ebenfalls die Kamerafunktion. In

diesem Fall wird eine Fläche anvisiert, wobei darauf zu achten ist, dass der Laser lotrecht auf der Fläche auftrifft. Die Fläche wird dann mit Hilfe der Kamerafunktion eingegrenzt, indem die seitlichen Begrenzungen der Fläche per Software auf dem Foto justiert werden. Daraus und aus der mit dem Laser gemessenen Distanz wird der Flächeninhalt errechnet.
Voraussetzung: Kamerafunktion

## DXF-Datenerfassung

Ermöglicht das Messen mit Bezug zu einem Koordinatensystem, also dreidimensionalen Punkten. Die X, Y und Z Koordinaten werden gespeichert und können in Ihr CAD System übertragen werden.
Voraussetzung: Horizontalwinkel, Vertikalwinkel

## Smart Area Messung

Berechnet die Quadratmeter für eine Fläche, die von bis zu 30 Punkten begrenzt wird. Diese Punkte müssen in einer gemeinsamen Ebene liegen.
Voraussetzung: Horizontalwinkel, Vertikalwinkel

## Punkt zu Punkt Messung

Die Funktion ermöglicht die exakte Distanzmessungen zwischen zwei beliebigen Punkten von einer Position aus. Wenn zwei beliebige Punkte gemessen wurden, ist das Resultat gleich auf dem Display verfügbar. Mit dieser Funktion kann z.B. die Länge und Breite eines Dachs einfach gemessen werden.
Das Flaggschiff von Leica mit der Smart Base und die Disto X3 und X4 zusammen mit dem DST 360 Adapter verfügen über integrierte Sensoren, die Winkelinformationen (auch Horizontalwinkel) bereitstellen. Die Kombination der Informationen

über Winkel und Entfernungen ermöglicht die Punkt zu Punkt Messungen. Wenn das Gerät nivelliert ist, ist es zusätzlich möglich, den Höhenunterschied, den horizontalen Abstand und die Neigung zwischen zwei Punkten zu ermitteln.
Voraussetzung: Horizontalwinkel, Vertikalwinkel

## Höhentracking

So lässt sich die Höhe von Gebäuden oder Bäumen ohne geeignete Reflexionspunkte ermitteln. Die Distanz und die Neigung werden am unteren Punkt gemessen. Dazu ist ein Ziel, das reflektiert, erforderlich. Der obere Punkt kann mit dem Zielsucher / Fadenkreuz angezielt werden. Dieser obere Punkt braucht kein reflektierendes Laserziel, da nur die Neigung ermittelt wird.

Hinweis: Das Verfahren ist nur dann relativ genau, wenn der obere Punkt tatsächlich senkrecht über dem untern Punkt liegt. Bei einem Baum ist die Spitze nur näherungsweise senkrecht über einem Punkt an der Aussenseite des Stammes.
Voraussetzung: Kamerafunktion, Vertikalwinkel

## Einstellung der Messebene/Stativ

- Die Messebene (Lage des Nullpunkts der Messung) des Laserentfernungsmessers kann verändert werden. Übliche Einstellungen sind, Vorderkante, Hinterkante, Stativgewinde, am Messpin.
  Hinweis: Manche Geräte stellen beim Ausklappen des Messpins automatisch auf Messpin um.

> **Tipps:**
>
> - Wenn das Gerät abgestellt wird, wird die Messebene oft auf den Standardwert Hinterkante zurückgesetzt. Das sollte man mit seinem Entfernungsmesser testen und berücksichtigen.
> - Generell sollte genau beachtet werden, welche Messebene eingestellt ist, um Messfehler zu vermeiden. Diese können bis zu Länge des Geräts mit ausgeklapptem Messpin (ca. 20 cm) betragen.

### Timer

Mit dem Timer kann eine Verzögerung für die Mesfunktion eingestellt werden, durch die der Beginn der Messung um ein Zeitintervall (z.B. zwischen 2 und 30 sec) verzögert wird. Die Selbstauslösefunktion wird durch Drücken auf die Taste Ein / Messen gestartet.

### Rechner

Mit den Taschenrechnerfunktionen für Distanzen können Berechnung direkt mit dem Entfernungsmesser vorgenommen werden. Damit entfallen Übertragungsfehler, wenn man die Daten in einen separaten Taschenrechner tippt. So lassen sich zum Beispiel die Wandflächen eines Raumes einfach bestimmen und aufsummieren.

## 5.2 Hinweise zur Messgenauigkeit beim Einsatz von Funktionen

Etliche der im letzten Kapitel gezeigten Funktionen basieren auf mehreren Entfernungsmessungen oder der Kombination aus Distanz- und Winkelmessung, wobei die Winkel fast immer Neigungen sind. Solche Vertikalwinkel können als Zenitwinkel oder Nadirwinkel gemessen werden.

Weil die gemessenen Zwischenresultate dann in die Berechnung einfliessen, ist unsicher, wie sich die möglichen Fehler auswirken. Es könnte ja sein, dass die Formeln zu einer Verstärkung der Fehler führen.

### 5.2.1 Berechnung der Höhe über Neigung und Abstand

Die folgende Berechnung untersucht, wie sich die Fehler bei der Höhenberechnung über die Neigung und den Abstand auswirken. Die Berechnung basiert auf der trigonometrischen Funktion Tangens. Vereinfachend wird nur der Fehler in der Neigungsmessung betrachtet. Zusätzlich könnten die Resultate auch von Fehlern in der Abstandsmessung beeinflusst werden.

Die einzelnen Bestandteile des Neigungsfehlers werden gemäss den Angaben eines Leica Distos mit Neigungsmesser berechnet. Der Neigungsfehler setzt sich zusammen aus einem Standardanteil, einem Anteil bei aussergewöhnlichen Temperaturen und einem neigungsabhängigen Teil, der grösser wird, je weiter der Winkel von der Horizontalen und Vertikalen abweicht. Weil uns hier der grösste mögliche Fehler von Interesse ist, wird davon ausgegangen, dass sich die einzelnen Neigungsfehleranteile ungünstig summieren. Das bedeutet zum Beispiel, dass sich alle

Fehleranteile in die gleiche Richtung auswirken, indem sie alle den Winkel vergrössern (oder verkleinern).

| Abstand horizontal | Neigung Ist | Neigungsfehler | | | | Neigung mit Fehler | Höhe | | |
|---|---|---|---|---|---|---|---|---|---|
| | | Standard | neigungs-abhängig | grosser Temperatur-bereich | Maximaler Fehler | | berechnet aus Ist | berechnet mit max. Fehler | Differenz Höhe$_{ist}$ - Höhe$_{mit\,Fehler}$ |
| [m] | [°] | [°] | [°] | [°] | [°] | [°] | [m] | [m] | [m] |
| 30.000 | 5 | 0.2 | 0.005 | 0.1 | 0.305 | 5.305 | 2.625 | 2.786 | -0.161 |
| 30.000 | 10 | 0.2 | 0.010 | 0.1 | 0.310 | 10.310 | 5.290 | 5.457 | -0.168 |
| 30.000 | 20 | 0.2 | 0.020 | 0.1 | 0.320 | 20.320 | 10.919 | 11.109 | -0.190 |
| 30.000 | 40 | 0.2 | 0.040 | 0.1 | 0.340 | 40.340 | 25.173 | 25.478 | -0.305 |
| 30.000 | 60 | 0.2 | 0.030 | 0.1 | 0.330 | 60.330 | 51.962 | 52.660 | -0.698 |
| 30.000 | 80 | 0.2 | 0.010 | 0.1 | 0.310 | 80.310 | 170.138 | 175.692 | -5.553 |

*Tabelle 7   Auswirkungen von Messfehlern bei der Höhenbestimmung über Distanz und Neigung*

In der obigen Tabelle ist der Abstand statisch mit 30 m angenommen und die Neigung steigt von flachen 5° zu steilen 80°. Bis 45° nimmt der neigungsabhängige Fehler zu und geht dann wieder bis 90 Grad zurück. Die Differenz zwischen korrekter Höhe und der Höhe mit Fehler wächst mit zunehmender Neigung. Die Ursache ist, dass mit der Neigung das resultierende Dreieck mitwächst. Die relativ kleine Differenz von 0.161 m bei 5° steigt bis 40° auf rund den doppelten Wert an. Für 60° ist die Differenz bereits mehr als das Vierfache. Bei 80° ist die Differenz schon mehr als das 30-fache.

> Tipp:
> Bei der Höhenberechnung über die Neigung ist die Genauigkeit bei kleinen Neigungswinkeln höher.
>
> Liegt der Neigungswinkel über 45° können grössere Fehler entstehen. Sehr steile Winkel sollten vermieden werden. In solchen Fällen sollte man prüfen, ob der Abstand vom Messobjekt vergrössert werden kann, so dass der Neigungswinkel kleiner wird.

## 5.2.2 Höhenberechnung mit Pythagoras

Im nächsten Beispiel zum Thema erreichbare Genauigkeit wird die Berechnung einer Höhe mit Hilfe des Satzes von Pythagoras vorgenommen. Dieser setzt ein rechtwinkliges Dreieck mit den Seiten (Katheten) a und b sowie der Hypotenuse c voraus. Dort gilt: $c^2 = a^2 + b^2$

Die Fehler bzw. Differenzen bei der Bestimmung der Höhe in der folgenden Berechnung liegen in der Längenmessung des horizontalen Abstands (Kathete) und dem schrägen Abstand (Hypotenuse). Auch hier wird mit den von Leica dokumentierten Genauigkeitswerten eines Distos gerechnet. Der obere Teil der Tabellen unten gibt den maximalen Fehler an. Bei Distanzen über 100 m beträgt der maximale Fehler 0.0002 m pro m, das heisst für jeden gemessenen Meter kann der Fehler 0.2 mm betragen.

| max. Distanz [m] | max. Fehler [m/m] |
|---|---|
| 10 | |
| 30 | 0.0001 |
| 100 | 0.0002 |
| 200 | 0.0003 |

| | Abstand horizontal [m] | Abstand Hypotenuse [m] | Fehler horizontal [m] | Fehler Hypotenuse [m] | Abstand + Fehler [m] | Hypotenuse - Fehler [m] | Höhe errechnet [m] | Höhe errechnet mit Fehlern [m] | Differenz Höhe - Höhe mit Fehler [m] |
|---|---|---|---|---|---|---|---|---|---|
| a | 60.000 | 70.000 | 0.012 | 0.014 | 60.012 | 69.986 | 36.056 | 36.008 | 0.047 |
| b | 30.000 | 70.000 | 0.006 | 0.014 | 30.006 | 69.986 | 63.246 | 63.227 | 0.018 |
| c | 30.000 | 30.500 | 0.006 | 0.0061 | 30.006 | 30.494 | 5.500 | 5.433 | 0.067 |
| d | 5.000 | 5.500 | 0.001 | 0.001 | 5.001 | 5.499 | 2.291 | 2.287 | 0.005 |

*Tabelle 8   Auswirkungen von Messfehlern bei Berechnungen nach Pythagoras*

In der Zeile *a* der obigen Tabelle ist ein grosses Dreieck angenommen, das heisst der horizontale Abstand betrage 60 Meter und der schräg zum Hochpunkt gemessene Abstand beträgt 70 m. Dies führt zu einer errechneten Höhe von 36.056 m. Werden nun die Fehler in der Distanzmessung auf die beiden Eingangsgrössen 60 m und 70m angewandt und zwar so, dass ein maximaler Fehler entsteht, so ergibt sich eine Höhe, die sich um 0.047 m von der zuvor berechneten unterscheidet.

Im Beispiel in Zeile *b* ist der horizontale Abstand nur halb so gross, die Hypotenuse misst weiter 70 m. Damit ergibt sich eine grössere rechnerische Höhe von 63.246 m. Werden nun wieder die möglichen Fehler berücksichtigt, so ergibt sich eine Differenz der Höhen von 0.018 m. Weil der horizontale Abstand in diesem Beispiel geringer ist, ist auch der mögliche Fehler bei diesem Mass kleiner und damit letztlich auch der Fehler bei der Höhenermittlung.

In Beispiel *c* wird ein sehr spitzwinkliges Dreieck betrachtet, beidem der horizontale Abstand 30 m beträgt und die schräg gemessene Strecke zum Hochpunkt misst nur wenig mehr: 30.5 m. Die berechnete Höhe beträgt 5.5 m. Hier wirken sich die Fehler ungünstig aus, denn die Differenz beträgt 0.067 m.

Das letzte Beispiel *d* basiert auf kleineren Distanzen, um die Auswirkungen bei kleinräumigen Messungen abzuschätzen. Das horizontale Mass betrage 5 m und der schräg gemessene Abstand sei 5.5 m. Damit ergibt sich eine berechnete Höhe von 2.291 m und ein Fehler von 0.005 m. Die Ursache für den relativ geringen Fehler liegt bei den ebenfalls kleineren Eingangsgrössen.

> Tipp:
> Die in diesem Kapitel gezeigten Beispiele zeigen eine vermeintlich hohe Genauigkeit bei der Anwendung der Pythagoras-Funktion.
>
> In der Praxis ist die erreichbare Genauigkeit deutlich geringer, weil die Voraussetzung, dass in einem rechtwinkligen Dreieck

gerechnet wird, oft nicht gegeben ist. Dazu müsste genau horizontal gemessen werden, was ohne Neigungsmesser kaum möglich ist. Geräte mit einer Libelle sind hier im Vorteil, aber meist auch nicht präzis genug.

Wenn ein Neigungsmesser integriert ist, kann man auch gleich mit der Neigung und Distanz rechnen (wie im vorangegangenen Kapitel) und sich den Umweg über die Pythagoras-Funktion ersparen.

## 6 Apps und Schnittstellen

Viele der Laserentfernungsmesser, die auf die Bedürfnisse von Handwerkern zugeschnitten sind, bringen heute eine Bluetooth Schnittstelle mit und häufig gibt es spezielle Apps, die mit dem Messgerät kommunizieren können. Solche Apps gibt es für Smartphones und Tablets in den gängigen Betriebssystemen iOS und Android.

Weil die Apps unabhängig von der Hardware der Laserentfernungsmesser aktualisiert, weiterentwickelt oder durch komplette Neuentwicklungen ersetzt werden können, ist der Markt recht schnelllebig. Die Beschreibung einer App, die heute noch aktuell ist, kann morgen schon veraltet sein. Daher kann dieses Kapitel nur einen einfachen Einblick in den aktuellen Stand bieten, jedoch immer im Wissen, dass Veränderungen zum in diesem Buch beschriebenen Stand schon bald auftreten können.

### 6.1 Leica DISTO plan App

Früher gab es von Leica für die Disto Entfernungsmesser, welche über eine Bluetooth-Schnittstelle verfügen, eine App namens „Disto Sketch". Diese App passte für alle aktuellen Geräte der letzten Jahre.

Diese App hat der Autor mit dem Disto D110 und dem Disto D510 genauer unter die Lupe genommen und auf laserentfernungsmesser-test.de beschrieben. Vor allem mit dem D510 war die App, die auch auf dem schon älteren Galaxy S4 Smartphone lief, ein treuer Begleiter geworden. Für die Dokumentation von Messungen vor allem auch in Verbindung mit der Eintragung von Massen in Fotos, die mit dem Handy gemacht wurden, war diese App echt spitze.

2018 kam zusammen mit den neuen Disto X3 und Disto X4 die „Disto Plan" App; eine Neuentwicklung, die aber auch zu den bisherigen Disto D1, D2, D110, D510, D810 und S910 kompatibel ist. Diese App wird hier genauer vorgestellt, weil sie den aktuellen Stand zeigt und spannende Funktionen bietet. Die Apps der grossen Entfernungsmesserhersteller waren bislang gratis bzw. im Kaufpreis des Geräts enthalten. Leica weicht mit der Disto Plan App hiervon ab und versucht es mit einem Preismodell, das sich an der Komplexität der in der App benötigten Module orientiert.

Diese App «DISTO™ plan» kann vieles mehr und steigert die Möglichkeiten und den Komfort, allerdings sind dazu In-App-Käufe notwendig und das Preismodell sieht für die Zusatzfunktionen monatliche oder jährliche Kosten vor. Die kostenpflichtigen Funktionen in der App sind:

Laserentfernungsmesser – optimal einsetzen und genau messen

*Abbildung 12    Zusatzfunktionen via In-App-Kauf oder für Testperiode freischalten*

- **Smart Room**
  Grundrisse einfach im Uhrzeigersinn oder in Gegenrichtung aufnehmen. Sobald alle Masse erfasst sind, errechnet die App den Grundriss.
- **P2P Measure**
  Die Punkt zu Punkt Technologie ermöglicht detaillierte Grundrisse und Pläne von Wänden zu erstellen. Ausserdem kann man damit auch schwer erreichbare Punkte messen.
- **PDF Pro Export**
  Pläne als professionelle Berichte teilen und speichern. Dabei werden Projektdetails, georeferenzierte Pläne und detaillierte Informationen zu Formen und Öffnungen dokumentiert.
- **CAD Export**
  Exportiert die Plandaten in die Formate DXF und DWG sowohl in 2D wie auch in 3D. Die mit der P2P Technologie aufgenommenen Daten können als 2D Projektionen oder als echte 3D Daten exportiert werden.

Nach der Lancierung der App kam teilweise deutliche Kritik zum Preismodell auf und es wurde der bescheidene kostenlose Funktionsumfang kritisiert. Hier hat Leica inzwischen nachgebessert und zumindest einfache Export-Funktionen (als PDF oder als JPG) in die kostenlosen Funktionen integriert. Ausserdem gab es bereits Sonderaktionen in deren Rahmen die kostenpflichtigen Zusatzmodule gesamthaft und zeitlich unbefristet freigeschaltet werden konnten.

> **Tipp:**
> Wer die App bereits einsetzt und von den ursprünglichen Preisen der Zusatzmodule abgeschreckt wurde, sollte die Preise immer wieder mal überprüfen. Im Rahmen einer Sonderaktion konnte sich der Autor alle Module für einen fast symbolischen Preis auf „ewig" freischalten lassen. Man weiss ja nie, was kommen wird und eventuell werden zukünftig alle Zusatzmodule benötigt…

Die Installation der Disto Plan App auf dem schon erwähnten Samsung Galaxy S4 klappte nicht, weil das Gerät zu alt ist. Also kam ein Acer Tablet zum Einsatz, welches zwar deutlich jünger aber relativ günstig ist. Wer will schon ein Top-Handy oder ein teures Tablet anschaffen, wenn es nicht unbedingt nötig ist. Für Einsätze im Freien und auf Baustellen möchten wir kein teures High-End Tablet benutzen, ausser es wäre gleich robust wie die Distos aus der X-Serie.

Laserentfernungsmesser – optimal einsetzen und genau messen

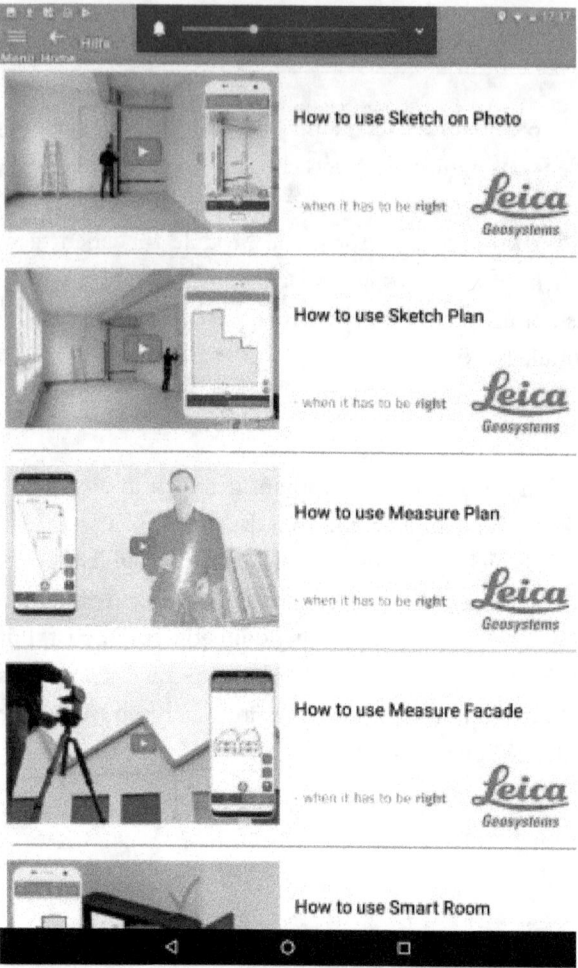

*Abbildung 13    Videos erklären alle (Zusatz-)Funktionen*

Grundsätzlich: Die Bedienung der App ist nicht kompliziert und braucht wenig Eingewöhnungszeit. Statt einer Online-Hilfe, PDFs mit Erläuterungen oder einer klassischen Anleitung bietet Leica eine aus der App verlinkte Liste an Demo-Videos, die gezielt einzelne der (Zusatz-)Funktionen erklären.

## Funktionen der Disto Plan App

Die Funktionen sind recht umfangreich, daher kann hier nur ein Teil der Zusatzfunktionen vorgestellt werden. Der Fokus liegt auf dem kostenlosen Grundmodul und den Zusatzmodulen Smart Room, PDF Pro Export und CAD Export.

## Vermassen im Foto

Ähnlich wie in der Vorgänger-App kann man ein Foto, das man mit dem Smartphone oder Tablet aufnimmt, mit Vermassungen in Form von Linien oder Flächen versehen.

Diese Funktion wird häufig vom Autor in der täglichen Praxis genutzt. Das Foto selbst hält die Situation und viele Details fest und zusammen mit der Vermassung ergibt sich eine sehr nützliche Dokumentation.

Hier folgt ein simples Beispiel einer Tür, deren Masse aufgenommen wurden. Zugleich kann an diesem Beispiel auf die verschiedenen Export-Funktionen eingegangen werden. Das vermasste Bild wurde als JPG, als PDF (mit dem kostenlosen Export) und als PDF Pro Export gespeichert.

*Abbildung 14    Vermasste Tür als JPG Export*

Diese als JPG dargestellte Tür wurde auch in PDFs exportiert.

Das mit der kostenlosen Funktion erstellte Standard-PDF der Tür enthält die gleichen Informationen wie das JPG-Bild. Das mit der Zusatzfunktion erstellte Pro PDF der Tür enthält ein Deckblatt mit Angaben zur Firma, zur Adresse des Messorts, dann die gleichen Informationen wie das Bild und zuletzt eine Seite mit den einzelnen Messdaten.

## Grundriss erstellen mit Sketch Plan

„Sketch Plan" gehört zum kostenlosen Umfang der App. Die bisherige App bot eine ähnliche Funktion an, daher wird die Sketch-Funktion nur kurz aufgegriffen.

Mit wenigen Linien lässt sich die ungefähre Form des Raums skizzieren. Danach werden die einzelnen Seiten mit tatsächlich gemessenen Längen ergänzt. Dabei setzt die App die Längen der Seiten in einen massstäblichen Plan um.

Der so entstandene Grundrissplan kann dann mit Türen, Fenstern oder Wandöffnungen weiter detailliert werden.

## Grundriss erstellen mit Smart Room

Die „Smart Room"-Funktion ist spannend und funktioniert nur mit den beiden neuen Laserentfernungsmessern Disto X3 und X4. Man misst die Entfernungen im Raum entlang den Wänden im Uhrzeigersinn oder entgegen diesem. Dabei ist darauf zu achten, dass das Display stets von der Wand zum Innern des Raums zeigt. Ist der Rundgang fertig, berechnet die App den Grundriss. Man kann auch noch die Raumhöhe messen, welche die App direkt als solche interpretiert und ein 3D-Modell erstellt.

Der Grundrissplan lässt sich dann mit Türen, Fenstern oder Wandöffnungen weiter detaillieren.

## Test von Smart Room mit Raum 1

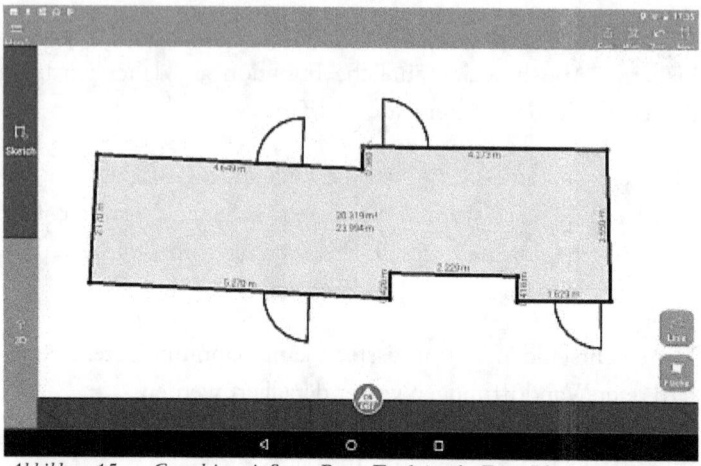

*Abbildung 15    Grundriss mit Smart Room Funktion der Disto Plan App erstellt*

Der Raum war langgezogen und durch Möbel und andere Hindernisse waren die Wände nicht gut zugänglich. Ausserdem war der Test nicht auf höchste Genauigkeit, sondern auf Arbeitsgeschwindigkeit ausgelegt. So konnte die „Smart Room"-Funktion zeigen, ob sie schneller und effizienter ist als das vorherige Skizzieren des Raums mit „Sketch Plan".

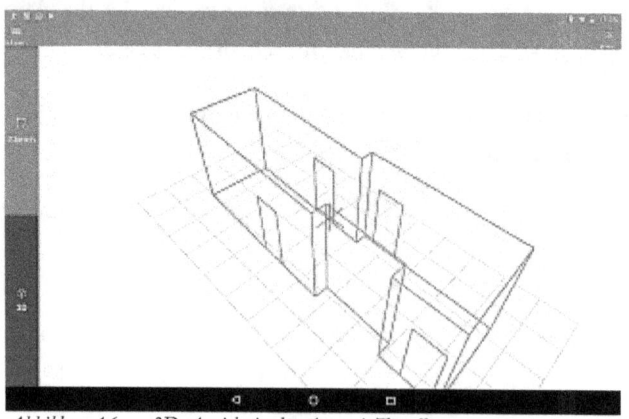

*Abbildung 16    3D-Ansicht in der App mit Türöffnungen*

Aus diesem Grundriss wurden wieder PDFs erstellt und auch CAD-Daten exportiert. Im Detail waren dies 3D-Daten im DXF-Format.

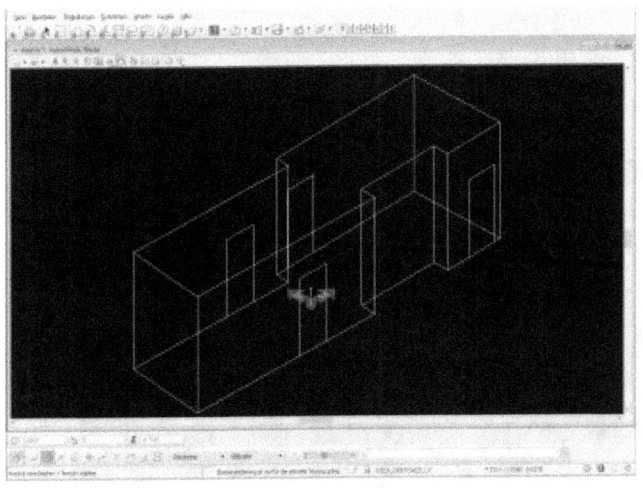

*Abbildung 17    Aus Disto Plan exportiertes 3D-Modell in Bentley View*

Diese Daten wurden kontrolliert, indem sie mit Bentley-View geöffnet wurde. Das ist der «kleine Bruder» von Microstation einem der renommierten CAD-Programme im Bauwesen.

Durch das Öffnen der Datei ist nachgewiesen, dass der Export funktioniert und die Daten lesbar sind. Daher sollte jedes gebräuchliche CAD-Programm die DXF-Daten weiterverarbeiten können.

## Test von Smart Room mit Raum 2

Raum 2 bot eine Herausforderung, weil dieser Raum zwar nur aus 4 Wänden bestand aber diese nur 2 rechte Winkel einschlossen. Ob Smart Room wohl korrekt erkennen konnte, wo die schiefen Winkel lagen?

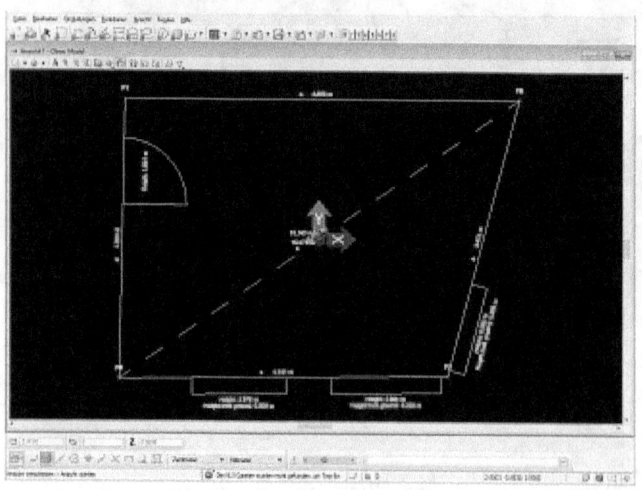

*Abbildung 18    Raum mit schiefen Winkeln: als DWG exportiert nach Bentley View*

Das Ergebnis ist nicht selbstverständlich, denn die Winkel stimmen beinahe perfekt. Auch hier wurde wieder schnell und an Möbeln vorbei gemessen. Mit etwas mehr Zeit oder unter Baustellenbedingungen (also ohne Möbel) wäre das Resultat wohl noch besser geworden.

Dieses Mal wurde im DWG Format (2D) exportiert und wieder in Bentley View analysiert. Man kann übrigens Hilfslinien oder Kontrolllinien vermessen, so wie in diesem Fall die gestrichelte Raumdiagonale. Die Winkel passten aber bereits bevor die Diagonale ergänzt wurde.

## Weitere Zusatzfunktionen „Measure Plan" und „Measure Facade"

Diese Funktionen sind wirklich High-End. Sie benötigen die P2P-Technologie; diese Abkürzung steht für „Point to Point", das heisst es werden nicht nur Entfernungen sondern auch Winkel gemessen. Dabei sind es nicht nur Vertikalwinkel (das beherrschen ja schon etliche Geräte) sondern auch Horizontalwinkel, die gemessen werden.

Diese Anforderungen können mit dem DISTO S910 oder mit den DISTO X3 oder X4 zusammen mit dem Leica DST360 erfüllt werden. Der DST360 ist ein Adapter, der zwischen dem Stativ und dem DISTO X3 oder X4 Laser-Entfernungsmesser eingesetzt wird.

Mit diesen beiden Zusatzfunktionen können von einem Stativstandort aus Grundrisse oder Fassaden aufgenommen werden. Vom Standort aus werden die Raumecken anvisiert und so der Grundriss erstellt.

## Fazit

Die App bietet wirklich komplett Neues. Dass die Zusatzfunktionen sozusagen „dazu gemietet" oder separat gekauft werden müssen, ist umstritten. Dass diese Funktionen einen deutlichen Mehrwert bieten, ist offensichtlich. Professionelle Benutzer, die die Funktionen häufig einsetzen können, werden die zusätzlichen Kosten nicht scheuen, weil die Arbeit effizienter und besser dokumentiert wird. Allein schon der Export von kleinen 3D-Modellen in einem CAD-Format ist für manche Anwender eine geniale Arbeitserleichterung.

## 6.2 Bosch Measuring Master App

Die aktuelle App von Bosch trägt den vielversprechenden Namen „Measuring Master App". Sie bündelt die Funktionen der bisherigen Apps „GLM measure&document", „GLM floor plan" und „GIS measure&document". Die beiden zuerst genannten passten zum GLM 100 C sowie zum GLM 50 C. Die zuletzt genannte App arbeitete mit dem Thermodetektor GIS 1000 C Professional zusammen.

*Abbildung 19   Bosch GLM 50 C, GLM 100 C sowie Thermodetektor GIS 1000 C Professional*

Damit entfällt jetzt der Wechsel zwischen mehreren Apps. Die Measuring Master App ist sowohl für Smartphones als auch für Tablets optimiert.

In etlichen Tests und Anwendungen in der Praxis wurde sie genau unter die Lupe genommen. Bosch verspricht, dass die bisherigen Funktionen der einzelnen Apps gebündelt zur Verfügung stehen. Darüber hinaus gibt es eine vereinfachte Darstellung von Grundrissen. Diese kann man mit der App erstellen oder als ein Bild einlesen und dann verändern. Interessant ist, dass gemessene Längen dann proportional angezeigt werden, das heisst der Grundriss passt sich den gemessenen Werten an.

Stammdaten zum Projekt können aus Adressstammdaten des Handys oder Tablets übernommen werden.

Bei Projektdaten kann die Art des Gewerks angegeben werden: Architekt, Schreiner/Tischler, Elektriker, Installateur Heizung, Klima und Lüftung, Trockenbauer, Maler & Lackierer, Bodenleger, Fliesenleger, Dachdecker, Benutzerdefiniert.

Je nach Auswahl wird aus den folgenden Themen eine Vorauswahl getroffen:

- Detaillierte Grundrisse
- Skizze
- Wände
- Flächenrechner
- Thermo
- Aufmasse

Natürlich können diese Zuordnungen auch manuell geändert werden. Die App sucht nach Messgeräten mit aktiviertem Bluetooth und schlägt sie für die Verwendung vor.

Die Ausgabe bei einem kompletten PDF-Export umfasst die folgenden Angaben. Es werden nur die wichtigsten genannt, um den Rahmen nicht zu sprengen.

- Projektstammdaten
- Zeichnung massstäblich (A4 Drucken)
- Wand Ansicht von innen und aussen
- Notizen und ToDos können in Plänen und Zeichnungen eingefügt werden und können auch Fotos umfassen.

- Die Thermo-Messgrössen umfassen die Oberflächentemperatur, den gewählten Emissionsgrad, die relative Luftfeuchtigkeit, die Raumtemperatur, die durchschnittliche Oberflächentemperatur, die Taupunkttemperatur und mit der Wärmebildkamera aufgenommene Fotos inkl. der enthaltenen Temperaturen bzw. Temperaturbereiche.

Die folgenden Geräte sind mittels Bluetooth verknüpfbar:

- Bosch GLM 50 C Laserentfernungsmesser
- Bosch GLM 100 C Laserentfernungsmesser
- Bosch GLM 120 C Laserentfernungsmesser
- Bosch GIS 1000 C Thermodetektor
- Bosch GTC 400 C Wärmebildkamera

## Aufbau der Bluetooth Verknüpfung

Die folgenden Aussagen beruhen auf Tests insbesondere der frühen Versionen der App in der Android-Version zusammen mit einem Samsung Galaxy S4.

Mit dem GLM 50 C und dem GIS 1000 C Thermodetektor funktionierte die Bluetooth-Verbindung recht gut. Die App erkannte die Geräte und konnte sie koppeln. Mit dem GLM 100 C Laserentfernungsmesser konnte keine Verbindung aufgebaut werden. Die App „sah" den Distanzmesser zwar, das Koppeln funktionierte dann aber nicht. Das ist seltsam, weil Bosch die App doch ursprünglich genau für diese drei Messgeräte spezifiziert hat. Der eingesetzte GLM 100 C war schon älter und gehörte wohl zu den ersten Geräten, die produziert wurden. Allerdings hatte die Bluetooth-Verbindung zur bisherigen App

„GLM measure&document" mit diesem Gerät immer funktioniert und das nicht nur in den Tests sondern auch bei etlichen Einsätzen auf Baustellen.

Eine spätere Überprüfung der Firmware-Version durch Bosch hat die Vermutung des sehr frühen GLM 100 C Modells als Ursache bestätigt.

## Zeichnen von Grundrissen

Die Funktion „Detaillierte Pläne" ist geeignet für das Erstellen von detaillierten Grundrissen. Zudem bietet die Funktion Wandansicht die Möglichkeit, Wände individuell anzupassen. Winkel, Türen, Fenster und Steckdosen können eingefügt und in den Massen verändert werden. Auch das Hinzufügen von Texten und Audio-Notizen ist hier möglich. Besonders geeignet ist diese Funktion für Architekten, Bauingenieure, Immobilienmakler, Elektroingenieure, etc.

Die Funktion „Quick Sketch" ermöglicht das Erstellen einer Grundriss-Skizze mit 90° Winkeln. Ein Quick Sketch kann in einen detaillierten Plan konvertiert werden. Nach der Konvertierung ist der „Quick Sketch" gelöscht. Diese Funktion ist besonders geeignet für alle, die einen schnellen Eindruck des Grundrisses gewinnen möchten, wie beispielsweise Fliesenleger, Raumplaner, etc.

Bei bestehender Verbindung Ihres GLM mit einem Smartphone / Tablet werden die Messwerte automatisch in Echtzeit übertragen. Durch Anklicken eines Objektes (Wand oder Messlinie) können diesem Objekt entweder Echtzeit-Messwerte durch das Messen mit dem GLM oder gespeicherte Messwerte aus der Messwert-Liste zugeordnet werden.

Mit ein wenig Übung gelingen einfache Grundrisse schon bald und man kann auch Wände mit Fenster- und Türöffnungen sowie Dosen der Elektroinstallation erfassen.

Die App will standardmässig das Layout erhalten. Deshalb wird die gegenüberliegende Seite bei einer Längenänderung normalerweise mitgeändert. Wenn Layout und gemessene Werte im Widerspruch zueinander stehen, wird der gemessene Wert in Klammern gesetzt und in blau angezeigt. In schwarz angezeigte Werte sind vom Programm kalkuliert. Durch die Lock-Funktionen (Schloss-Symbol) lassen sich Wände sperren, so dass diese nicht automatisch angepasst werden.

Beim Versuch einen Raum mit einem komplexen Grundriss massstäblich korrekt in der App zu erfassen, musste der Autor aufgeben. Entweder er oder die App stiessen dabei an die jeweiligen Grenzen. Ein Grund mag sein, dass die Anleitung und Dokumentation zur App noch nicht verfügbar waren.

### Daten Ausgabe

In der PDF-Ausgabe, die viele nützliche Informationen eines Projekts zusammenfasst und die man von der App aus z.B. per E-Mail-Anhang versenden kann, ist im Test ein unschöner Fehler aufgefallen. Es gibt eine Ausgabe des Grundrisses, in der neben der Grundfläche keine weiteren Vermassungen dargestellt werden, sondern ein Massstab angegeben wird, der beim Ausdruck der Seite auf einem DIN-A4-Blatt stimmen sollte. Im Testfall stimmte der Massstab auf dem Ausdruck aber sicher nicht. Die angegebene Fläche von rund 61 m$^2$ wurde aus den gemessenen Distanzen berechnet und stimmt daher.

Wenn dann zum Vergleich die Länge der Wände aus dem Plan ausgemessen wird und in unserem Fall mit dem Massstab 1:100

hochgerechnet wird und dann die Fläche berechnet wird, ergibt sich ein Fehler, der nur durch einen „Bug" in der App erklärt werden kann.

Damit konfrontiert hat Bosch zugesichert diesen „Bug" zu verbessern.

### App mit Wärmebildkamera und GLM 120 C

Weil die Measuring Master App neben den Laserentfernungsmessern aus der Bosch Professional Serie auch mit dem Thermodetektor GIS 1000 C und der Wärmebildkamera GTC 400 C (beide auch aus der Professional-Linie) arbeitet, wird auch auf die Integration dieser Geräte eingegangen.

Beide Geräte verfügen über Kameras, die Fotos von Messungen festhalten können. Beim Thermodetektor können so Messpunkte mit Temperaturen und weitere Angaben dokumentiert werden. Bei der Wärmebildkamera werden pro Messung sogar 2 Fotos festgehalten: die gewohnte Ansicht wie in einem Foto und daneben das eigentliche Wärmebild, das z.B. in unterschiedlichen Farben je Temperaturklasse eingefärbt werden kann. Häufig ist dies von Blau (kalt) bis Violett (heiss).

Die App geht mit den Fotos unterschiedlich um: Der Thermodetektor übergibt Messdaten als Daten zu einem Messpunkt in einem Foto, das mit der Kamera des Handys oder Tablets aufgenommen wurde. Die Wärmebildkamera dagegen kann die mit dem Gerät direkt aufgenommenen Fotos an die App übertragen.

Die beiden folgenden Abbildungen stammen aus einem PDF, das mit Hilfe der App als Dokumentation erstellt wurde und einen ähnlichen Inhalt zeigen.

# Laserentfernungsmesser – optimal einsetzen und genau messen

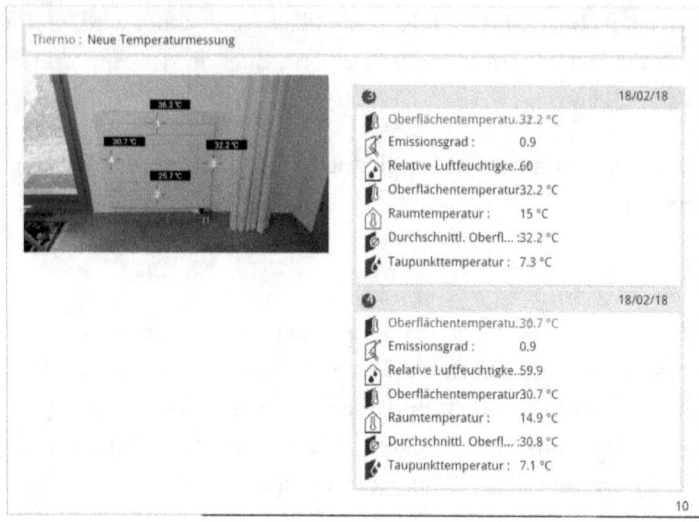

*Abbildung 20    Mit dem Tablet fotografierte Heizung mit Messpunkten des Thermodetektors GIS 1000 C*

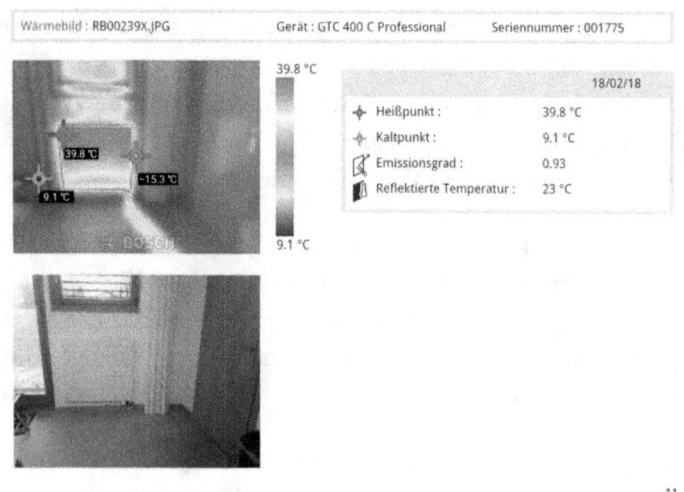

*Abbildung 21    Mit der Wärmebildkamera GTC 400 C aufgenommene Heizung*

Die Wärmebildkamera überträgt die Bilder per WLAN-Verbindung an die App. Der Thermodetektor verfügt über eine Bluetooth Verbindung und kann daher keine Fotos übertragen, weil die Bluetooth-Schnittstelle für grössere Datenmengen zu langsam ist.

Der Bosch Entfernungsmesser GLM 120 C verfügt über einen digitalen Zielsucher. Damit lassen sich Fotos zusammen mit Messwerten als Screenshot der Displayansicht dokumentieren. Nun stellt sich die Frage, ob es nicht sinnvoll wäre, dass die App auch auf diese Fotos zugreifen kann ähnlich wie bei der Wärmebildkamera. Dass dies nicht möglich ist, liegt primär nicht an der App sondern am Entfernungsmesser, der nur über eine Bluetooth-Schnittstelle und nicht über einen WLAN-Hotspot verfügt. Dass die App Bilder integrieren könnte, zeigt sie in Verbindung mit der Wärmebildkamera.

Als interne Dokumentation von Messungen wäre ein PDF, das alle Messungen eines Messprojekts in einem Bericht und allenfalls einem Anhang enthält, sicher nützlich und eine sinnvolle Erweiterung.

Über die Motive, warum Bosch eine solche Funktion nicht implementiert hat, lässt sich nur mutmassen: Die Kosten für einen zusätzlichen WLAN-Hotspot oder die erhöhten Anforderungen an die Energieversorgung könnten Argumente sein.

### Fazit:

Bosch ist mit der neuen App auf dem richtigen Weg. Mit einigen Erweiterungen oder Anpassungen beim Erstellen der Grundrisse und dem Ausmerzen der Fehler könnte die App zeigen, in welche Richtung die künftige Entwicklung gehen könnte.

Leider stören die negativen Punkte, wie die Inkompatibilität zum im Test verwendeten GLM 100 C beim Verbinden via Bluetooth und die massstäblich falsche Darstellung des Grundrisses im PDF.

Schon kurze Zeit nach der Veröffentlichung des Tests der App auf der Webseite zu den Laserentfernungsmessern meldete sich ein Mitarbeiter aus dem Bosch Produkt Management für Messgeräte-Software. Durch seine Ergänzungen konnte die Ursache in der Firmware des GLM 100 C bestimmt werden. Mit Hilfe der Infos aus dem Test sollen weitere Versionen der App verbessert werden und das Feedback soll auch in eine Nachfolge-App einfliessen.

Dabei fällt positiv auf, dass Bosch aktiv agiert und den Testbericht nicht nur gefunden und gelesen hat, sondern auch versucht, die bemängelten Punkte zu verbessern und zu deren Klärung beizutragen.

# QUELLEN + WEITERFÜHRENDE LITERATUR

- Jockel, Rainer; Manfred Stober; Wolfgang Huep: Elektronische Entfernungs- und Richtungsmessung und ihre Integration in aktuelle Positionierungsverfahren; 5. Auflage; 2007
- Matthews, Volker: Vermessungskunde 1: Lage-, Höhen- und Winkelmessungen; 29. Auflage; 2003
- Graesser, Christian; Martin Koehler: Electronic Distance Meters inside Trimble's Geospatial Instruments; 2014
- Neitzel, Frank: Einführung in die Ausgleichungsrechnung; 2017
- Przybilla, H.-J.: Bauvermessung; 2013
- Frankenberger, R.: Messprinzip, Anwendungsgrundsätze, Laserscanning; 2002
- Remus, K.: Genauigkeits- und Materialuntersuchungen mit TCRM 1102; 2002
- Foppe, Karl: Fehlerlehre & Statistik; 2012
- Klein, Christoph: Einführung in die Vermessungslehre; 2009
- Huber, Manfred: Vermessungskunde für Baupoliere; 2010
- Hoffmeister, Lars: Vergleichende Untersuchung zur Genauigkeit verschiedener Verfahren zur Vermessung von Strassenverläufen für die Unfallrekonstruktion; 2001
- Bigler, Bürgin, Lütolf: Einführung in die Vermessungskunde; 2006
- Fuhrland, Matthias; Bernd Quasthoff; Michael Möser: Zur Laserwirkung geodätischer Instrumente; 2005

Neben den oben einzeln genannten Werken wurden weitere Quellen verwendet, wie die Bedienungsanleitungen und Produktdokumentationen etlicher Laserentfernungsmesser insbesondere der Hersteller Bosch und Leica. Die dortigen Angaben zu Messfehlern wurden als Grundlage für die Abschätzung von Fehlern bei Funktionen wie Pythagoras oder Höhenberechnung aus Abstand und Neigung verwendet.

Weiterhin wurden Inhalte oder Blogbeiträge der Webseite www.laserentfernungsmesser-test.de benutzt.

## ÜBER DEN AUTOR

Profitieren Sie von seinen Erfahrungen und denen seiner Kollegen. Als Bauingenieur arbeitet er sehr häufig mit Laserentfernungsmessern. Dabei zeigt sich schnell, welche Geräte in der Praxis bestehen und auf welche Funktionen und Eigenschaften es tatsächlich ankommt.

Diese Kenntnisse helfen auch, um Vermessungsaufgaben effizient und mit optimaler Genauigkeit ausführen zu können. Dieses Buch baut auf diesen Erfahrungen auf und will sie an alle Interessierten weitergeben.

Vor und während des Studiums hat Willy Matthews häufig in einem Vermessungsbüro gearbeitet. Damals sind ihm Laserentfernungsmessern noch nicht begegnet, weil der erste Disto gerade zu dieser Zeit entwickelt wurde.

Im Studium hat er neben den Pflichtkursen und Praktika in Vermessungskunde weitere Zusatzkurse bei den Geodäten besucht, weil ihn diese Themen sehr interessieren.

Seit 2011 betreibt er das Informationsportal zu Laserdistanzmessern und dem praktischen Vermessen mit diesen Geräten:

https://www.laserentfernungsmesser-test.de

Wenn Sie Kritik und Anregungen senden wollen, erreichen Sie den Autor unter

buch@laserentfernungsmesser-test.de

Werter Leser

Sie sind nun am Ende des Buchs angekommen.

Vielen Dank, dass Sie sich für dieses Buch entschieden haben.

Nun kommt noch eine kleine Bitte: Buchrezensionen sind eine wichtige Grundlage für den Erfolg auf Amazon. Bitte geben Sie uns Feedback zu diesem Buch in Form einer Rezension auf Amazon. Was hat Ihnen gefallen oder was sollte verbessert werden?

Ihr Willy Matthews

# NOTIZEN

www.ingramcontent.com/pod-product-compliance
Lightning Source LLC
Chambersburg PA
CBHW070655220526
45466CB00001B/451

*9 7 8 1 6 9 8 1 4 7 0 0 0 *